提高孩子
财商的
亲子理财书

连志超 编著

北京理工大学出版社

BEIJING INSTITUTE OF TECHNOLOGY PRESS

图书在版编目（CIP）数据

提高孩子财商的亲子理财书 / 连志超编著. —北京：北京理工大学出版社，
2016.4

ISBN 978 - 7 - 5682 - 1901 - 3

Ⅰ. ①提⋯　Ⅱ. ①连⋯　Ⅲ. ①财务管理 – 青少年读物
Ⅳ. ①TS976. 15 – 49

中国版本图书馆 CIP 数据核字（2016）第 032416 号

出版发行 /北京理工大学出版社有限责任公司
社　　址 /北京市海淀区中关村南大街 5 号
邮　　编 /100081
电　　话 /（010）68914775（总编室）
　　　　　82562903（教材售后服务热线）
　　　　　68948351（其他图书服务热线）
网　　址 /http：//www. bitpress. com. cn
经　　销 /全国各地新华书店
印　　刷 /北京中印联印务有限公司
开　　本 /710 毫米 ×1000 毫米　1/16
印　　张 /14　　　　　　　　　　　　　　责任编辑 /李慧智
字　　数 /160 千字　　　　　　　　　　　文案编辑 /李慧智
版　　次 /2016 年 4 月第 1 版　2016 年 4 月第 1 次印刷　　责任校对 /周瑞红
定　　价 /32.00 元　　　　　　　　　　　责任印制 /边心超

当今社会，除了情商、智商之外，财商越来越引起人们的重视，因为它伴随我们的一生，已经成为我们生活必备的技能之一。财商教育之所以重要，因为它不仅是财富能力的教育，更是一种品格教育和责任教育。

在现代社会中，人不能脱离钱而生活，孩子不可避免地要与钱发生联系。一个人最先接触和学习金钱知识的地方就是家庭，所以孩子的消费和储蓄等各种习惯在很大程度上受到父母的影响。韩国的国民银行研究所曾进行过一次调查，问了孩子们这样一个问题："在养成消费、管理金钱等各项习惯的过程中，谁对你的影响最大？"结果显示，73.5%的孩子选择了"父母"。

现代脑科学研究表明，婴幼儿出生时就有超强的整体识别能力和自然记忆能力，3岁时上述能力达到最高点。也就是说，从出生至3岁这个阶段，人的大脑是快速发育的重要阶段。一个人一生所谓天赋的东西，往往就是在这3年里奠定基础的，而且这些东西将可能影响孩子的一生。因此，有人说，"3岁看到老"。当然，这种说法未免偏激了一些。但是，我们应该看到，童年是孩子思想最为单纯、最为天真、最为浪漫的时期，同时又是模仿力、好奇心、学习欲最强的时期。这一时期的孩子就像一张洁白无瑕的纸，就看他们生活中的第一任老师——父母，教他们画下一些什么了。

有些传统的家庭，父母不愿意让孩子过早地接触金钱，他们认为从小接触金钱会使孩子的思想受到铜臭气的不良影响，还有些家长担心孩子养成乱花钱、大手大脚的习惯，从而"剥夺"了孩子自己管理金钱的机会，比如孩子想要买什么东西，统统要向父母伸手要，殊不知，这种消极防范会导致孩子从小缺乏经济意识，他们更容易养成一有钱就赶快花光的习惯，这不但影响了孩子的自我管理，也造成了孩子任性的性格，这种孩子成年以后还会出现盲目消费、不会理财的现象。因此，适当地注意增强孩子的经济意识，从小培养孩子的经济头脑，对孩子的健康成长十分有利。

　　本书循序渐进地为家长指出一条实用的财商教育路线，教家长如何培养一个经济独立又能正确对待金钱的孩子。从教孩子认识钱开始，教孩子学会储蓄，学会合理安排自己的零花钱，让孩子懂得钱是怎么来的，如何正确地认识和使用金钱，如何让钱生钱，怎么将金钱用在更有意义的事情上，等等。更重要的是，在这个过程中，可以培养孩子受用一生的理财品质。书中更有各种经济学和金融小知识，理财小故事、成功企业家的理财案例，每章后面还附有"每天学一点金融小知识"和"财商趣味测试"，拓展知识，延伸阅读。全书内容充实，易于理解，生动全面，操作性强，适合亲子共读，能让孩子在潜移默化中树立正确的金钱观和理财观，让孩子学会对财富的管理能力和控制能力，懂得节俭与储蓄、珍惜与分享。

目 录
Contents

第一章

未来，比"文盲"更可怕的是"理财盲"

什么是财商

　　财商一词最早是由美国作家兼企业家罗伯特·T·清崎在《富爸爸穷爸爸》一书中提出的。Financial 一词在中文中译作"金融"，清崎的本意是指"金融智商"，在传入中国后，被转译为"财商"，涉及范围也从"一个人在财务方面的智力"扩展到"一个人对所有财富（泛指所有资产，包括品牌、人脉、时间、技术、固定资产、流动资产……）的认知、获取和运用的能力"。

　　财商往往指一个人判断财富的敏锐性，以及对怎样才能形成财富的了解。它被越来越多的人认为是实现成功人生的关键。

　　财商是一个人在现实中最需要的能力，也是最容易被人们忽略的能力，它不是孤立的，而是与人的其他智慧和能力密切相关的，它可以通过

后天的专门训练和学习得以改变。现在，财商和智商、情商一起被教育学家们列入了青少年的"三商"教育，它们是现代社会三大不可或缺的素质，换句话说，智商反映人作为一般生物的生存能力；情商反映人作为社会生物的生存能力；而财商则反映了人作为经济人在经济社会中的生存能力。

财商包括两方面的能力：一是正确认识财富及财富倍增规律的能力，即所谓的"价值观"；二是正确应用财富及财富倍增规律的能力。

财商主要由财务知识、投资战略、市场、供给与需求、法律规章四项基本技能组成，财商不是培训、教育出来的，它是通过精神世界与商业悟性的熏陶和历练，慢慢形成的。在人的一生中，财商形成的最佳时间是儿童及青少年时期，通过对财商的培养，可以树立孩子正确的金钱观、价值观与人生观。

为什么要从小培养孩子的财商

说到财商教育，犹太人做得很好，全球经济圈中的很多精英，都是犹太人。比如格林斯潘、索罗斯、布隆伯格……犹太人财商教育最重要的一点，是培养孩子延后享受的理念。所谓延后享受，就是指延期满足自己的欲望，以追求自己未来更大的回报，这几乎是犹太人教育的核心，也是犹太人成功的最大秘密。

犹太人是如何教育小孩的呢？

"如果你喜欢玩，就需要去赚取你的自由时间，而这需要良好的教育和学业成绩。好的学业可以让你找到很好的工作，赚到很多钱，等赚到钱

以后，你就可以玩更长的时间，玩更昂贵的玩具。但如果你搞错了顺序，整个系统就不会正常工作，你就只能玩很短的时间，最后的结果是你只能拥有一些最终会坏掉的便宜玩具，然后你一辈子得更努力地工作，没有玩具，没有快乐。"这是延后享受的最基本的例子。

犹太人的财商教育思维里面已经融入了现代社会的价值观，个人的一生都是其规划的范围，其最高目标是幸福一生，财商是其规划的总体理论。以犹太人财商教育的精髓思想为核心，可归纳出青少年财商教育的三个方面：掌钱能力、赚钱能力和财富知识。

随着年龄的增加，如果你的钱能够不断地给你买回更多的自由、幸福、健康和人生选择的话，那就意味着你的财商在增加。有的人挣的钱越来越多，而钱却没有使他们变得越来越快乐，这是低财商的表现。金钱应该带给人更多的空闲时间，让人们去做自己感兴趣的事，快乐、健康地生活，这才是高财商的表现。

财商对孩子们来说是迫切需要培养的一种能力。会理财的人会越来越富有，但是，对财商教育的重视，并不意味着赤裸裸地追求金钱。很多人虽然拥有很高的教育水平，却缺乏一些最基本的理财知识。所以说，大多数时候，我们不是缺少钱而是缺少一种观念。

很多看上去有钱的人，并不一定是财务自由的人，但财商高的人一定能够通过努力来实现财务自由。一个人怎样使用金钱，包括赚取金钱、存贮金钱、花销金钱，或许是检测他财商高低最好的方法之一。正如亨利·泰勒在他经过深思熟虑写成的《生活备忘录》一书中所指出的："因此，在赚钱、储蓄、花销、送礼、收礼、借进、借出和馈赠等方面，正确的行为原则和方法几乎为一个人的完美无缺做出了论证。"

TIPS:

◇ 财商教育，更多的时候是培养一种理财的观念。

◇ 财商与一个人赚多少钱没有关系，它是测算你能留住多少钱以及让这些钱为你工作多久的指标。

理财教育要因时因地因人制宜

都说"别让孩子输在起跑线上"。不要以为这句话专指孩子的学习成绩。其实，在当前的经济社会里，智商、情商和财商，"三商"都高的孩子，才能赢得自己的精彩人生。而从小培养孩子的财商，在孩子的每一步成长过程中都进行有规划的理财教育，更是新一代父母的必要选择。

古人云："仓廪足而知礼节。"理财也是一样，先有财，后有理财需求。在物质匮乏的年代，人们几乎不需要理财知识，主要是通过勤俭节约把基本生活安顿好，也正因社会发展和时代的原因，中国大部分成年人普遍缺乏理财意识。如今社会发展了，对于在经济社会里成长的孩子们来说，从小就要和钱打交道，财富将是他们人生中必须面对的主题之一。可以说，社会的发展"逼迫"他们必须要具备一定的理财知识，这样才能将生活调理得更加精彩，这堂"人生必修课"从何时开始，也将决定着孩子一生的财商轨迹。

不过，也有不少家长反映："孩子马上就要升初中了，想利用暑假时间给孩子补充点简单的理财知识，可是查阅了很多资料，好像都是在讲外国人怎么教孩子理财，但很多方法在国内根本行不通，我们也接受不了。有没有一些适合中国孩子的理财方法？"

在学习国外的财商教材中，常有这样的案例：美国几岁大的小孩就会将自己用不着的玩具小熊摆在家门口，放一块"Sale"（出售）的牌子，等待别人付钱拿走小熊，而自己获得一点收入以供零用。但这样的方式，在国内大概很难实现。因为国人对于二手物品的接受程度并不高，而且把东西放在家门口出售也不太现实，还极有可能被拾荒者顺手拿走。所以，儿童的理财教育不能照搬国外或某个案例的经验，最好能够针对家庭的成员结构和经济状况、社区和居住环境状况等因素，进行有针对性的、有意识的指导，在别人经验的基础上进行一定的改进，因地制宜。

在孩子的理财教育中，因材施教也很重要，其中最主要是要根据孩子的年龄大小来进行安排，否则超过了孩子某一年龄段应有的接受度，极可能成为"拔苗助长"，得不偿失。比如，让上幼儿园的小朋友就自己出去"打工"赚钱，显然缺乏一定的安全性，也几乎没有实现的可能，还不如让孩子在家里好好学会辨认钱的大小。又比如，前面讲到的美国儿童卖二手玩具的案例，我们的家长就可以在孩子进入中学或更大一点，有意识地告诉孩子，通过网络或在跳蚤市场中拍卖自己闲置的二手物品，也能获得一定的收入。

　　培养孩子的财商，给孩子传授理财的观念不是一蹴而就的，正如儿童其他能力的培养一样，财商的培养也要按照其身心发展的规律，在不同年龄进行相应的教育。给大家一个大概的参考：

　　3 岁：辨认钱币，认识币值、纸币和硬币。

　　4 岁：学会用钱买简单的用品，如画笔、泡泡糖、小食品。

　　5 岁：弄明白钱是劳动得到的报酬，并正确进行钱货交换活动。

　　6 岁：能数较大数目的钱，开始学习攒钱，培养"自己的钱"的意识。

　　7 岁：能观看商品价格标签，和自己的钱比较，确认自己的购买能力。

　　8 岁：懂得在银行开户存钱，并想办法自己挣零花钱。

　　9 岁：可制定自己的用钱计划，能和商店讨价还价，学会买卖交易。

💡 不做守财奴， 理财不等于吝啬

我们说要重视孩子的理财教育，但家长们千万要记住，对孩子从小进行理财教育，目的在于培养孩子一定的理财意识和能力，而不是让孩子变为金钱的奴隶，千万别让孩子形成"金钱至上"的意识。

为此，家长一定要有意识地把握好理财教育中"度"的问题。比如，逢年过节，家里的老人们总要给孩子一些红包，数额较大的主要是过年领到的"压岁钱"。家长可以教育孩子，把每年收到的压岁钱，包括平时的零花钱存在自己名下的账户里，让孩子懂得钱放在家里不会"长大"，但存到银行就可以变多一些，也就是取得了利息收入，让钱生钱。当然也有一点需要注意，当孩子看到自己存款账户的数字越变越大时，很有可能出现"着迷"的趋势，有些孩子可能总会催着妈妈看存折数字有没有变化，这时，家长就应该稍微引导一下孩子的心态。比如，当家里的长辈生病时，要告诉孩子尽一份孝心，问问他是否能够把自己存折里的钱取出一小部分，买点水果孝敬老人？如此，一方面增进了孩子和亲人之间的感情，另一方面也是教会孩子钱能用来买东西，钱能帮助生病的老人，这样不仅不会让孩子偏执地关注自己资产的增长，还能增加孩子的情商和财商。还有一种情况，现在很多家长都在谈"股"论"金"，甚至有些小学里的孩子都会说一些股票代码，他们知道父母在投资哪个股票，甚至还懵懂地互相"交流经验"。事实上，股票是一种复杂的投资工具，最好是初中以上的孩子再进行详细理解。当然了，作为家长也不要当着孩子的面为股票上的得失而争吵。

💡 别光记得 "兴趣班"， 也别忘了 "理财班"

　　媒体曾报道一名 6 岁女童从家里带了一万余元现金到学校，发给了其他同学。来上课的班主任得知后，赶忙去了解具体情况，询问过后才知道，女童将家里床头柜上的一万余元带来学校发给同学，她们觉得很好玩。女童的姑姑说："孩子的爸妈常年在外打工，她一直是跟着奶奶生活，对金钱显然没有任何概念，甚至把钱当成玩具、零食一样随意发放。"老师得知情况后，把"小土豪"送出去的钱一一追了回来。这么让人瞠目结舌的事情就在现实生活中发生了。

作家六六表示：现在的很多孩子每天都在上各种兴趣班，有体育班、音乐班、书法班，绘画班，但是几乎没有一个班是培养孩子财商观、金钱观的。很多家长都认为："孩子还小，他们用不着钱""不能随意给孩子钱"，等等，这些想法无疑都太过狭隘了。

每个人从出生开始，就在进行着各种各样的消费，吃、穿、住、行，样样都离不开钱。如果孩子早期没有一定的金钱观念，吃喝拉撒都是父母打理，等孩子走向社会，势必会造成他们心里很多的惶恐感和缺失感。如果让已经二十多岁的孩子在摸爬滚打和各种挫折中开始了解各种金融理财知识，那未免也太迟了些。很多家长自己想着怎么多赚钱，怎么尽可能多地给孩子留下足够的财富，但是却忘记了教育孩子自己如何去把握财富。要知道，孩子才是最好的财富。

小贴士：

美国家长教孩子理财的八大原则

美国的爸爸妈妈在家教中，从八个方面教育孩子学会理财。

（1）教孩子认识各种货币的价值及其使用。

家长从小就注意让孩子识别各种货币，美国的货币（美元）分纸币和硬币两种。年龄小时，主要认识硬币，然后再认识数额大的纸币，并教孩子在使用中辨认各种货币的币值是多少。家长把教孩子使用货币与教孩子学习加减法相结合，与买商品的活动相结合。

（2）教孩子养成储蓄观念。

美国家长，特别是华裔家长，很重视培养孩子的储蓄观念，为以后学会"炒股"打下思想基础。例如，有的孩子喜欢吃冰淇淋，如果买一杯要花50美分的话，家长就告诉他："你想吃，可以，但是今天只能给你25美分，等到明天再给你25美分，你才能买来吃。"这就是孩子储蓄观念的萌发。又如，平时给孩子一些钱，或者让孩子得到一些劳动报酬。家长则帮孩子去银行开一个存款账户。

（3）教孩子合理使用自己的积蓄。

如孩子想买网球拍、自行车等或想要去旅游，指导他用自己的部分储蓄。这样，就可以使他认识到储蓄的意义。

（4）在金钱的使用方面要教孩子乐于分享，让他们体验到助人的喜悦，懂得从小就要关心和帮助别人。家长要教育孩子自觉自愿地把微小的积蓄捐赠给需要帮助的人们。

（5）学会精打细算，不乱花钱。

尽管有些美国家庭比较富有，但他们的生活比较简朴，开销也是很有计划的。一般情况下，家庭都要协助孩子拟定一个消费计划并正确执行。

（6）教孩子通过正当手段获得收入。

美国人常将自己的闲置物品拿出来拍卖，小孩子不用的玩具也可以摆在家门口出售，以获得一点收入。

（7）有的家长也用金钱作奖赏来养成孩子的良好行为。

有的家长会在孩子做了好事后给予他们一定的奖励，并以此告诉孩子，奖励他人的良好行为也是一种理财方式。

（8）美国家长十分注意用自己的理财观念和消费行为来影响孩子。

因为他们知道，许多时候父母不必说什么就可以把花钱的决定、次序、信念及习惯等潜移默化地传授给孩子。

孩子主要通过观察和示范、参与讨论和共同做决定等间接途径来学习，而直接途径则包括有计划的实践、自己做决定等。通过观察，孩子学到了比家长想象中更多的东西。但家长也可以在孩子的观察中增添另外一些有计划的行动，来让孩子学到更多东西。例如，在教育孩子什么是金钱的同时，让他懂得什么是责任，什么是家庭观念，什么是决策，什么是货比三家，如何制定目标，如何择优，以及在外面如何管理金钱。

TIPS:

让孩子仅仅认识钱还是不够的，更为重要的是学会管理钱、掌控钱，学会怎么花钱、怎么省钱，当孩子有了正确的金钱观念和理财意识之后，对他今后的成长是相当有益处的。

金钱不是人生的全部： 做财富的主人而不是奴隶

商品经济的发展和市场体制规则的确立，为财富提供了崭新的定义，赋予财富与以往迥然不同的内涵，也刷新了我们对财富的认识。正确的财富观才是一个人最大的财富。

以前，一提到富人，总会凸显他们贪婪、剥削、作威作福、为富不仁的丑恶面孔。财富总是与私有紧密联系在一起，像臭豆腐一样，让人"闻起来臭，吃起来香"。其实，任何社会，对财富的心态都是非常复杂的，这渗透了历史和现实的多重因素。才能、付出和机遇的差异，决定着一个

人创造财富与占有财富的不同程度和不同心态。有的人，对创造财富充满信心，对占有财富表露喜悦，对财富的占有者常怀敬仰垂羡之心；有的人，对自己创造财富的能力与机会充满疑惑，对财富的占有者心怀嫉恨之意。这就是源于每个人不同的财富观，可见财富观对人有巨大的影响。

在美国，一家调查显示，九成家长会重点教育孩子如何理财，25%的家长表示要让孩子从学会使用零花钱开始树立正确的财富观。无独有偶，根据英国最新教学改革计划，储蓄和理财课程从 2011 年开始成为英国中小学学生的必修课。他们都很重视培养孩子积极健康的财富观。

不可否认，有了财富，我们的生活会变得更好，我们也可以有更多的选择。但财富不只是金钱。假如把荣誉、事业、财富、地位都比作 0 的话，健康就是前面的那个 1。如果这个"1"不存在，后面即使有再多的"0"，也还是等于 0。但我们经常意识不到这个简单的道理，为了挣钱毫不顾及身体。结果造成了"年轻时以健康换金钱，年老时以金钱买健康"。要知道，金钱可以换来最新的药品，换来精细的护理，但并不能保障我们的健康。

　　从另一个角度来说，我们为获取财富使健康遭受的损失固然是金钱无法弥补的，但我们为牟取私利而使心理遭受的伤害就更难以愈合。财富是有限的，欲望是无限的。我们不能为尽可能多地占有财富，在直接或间接地侵占他人的利益，这样也会使我们自己滋生出重重烦恼。这些内在的伤害或许不会在短时间显现出来，但它的影响却不会随着时间的流逝而消失。

　　积极健康的财富观教给人的是两方面内容：正确认识金钱和正确使用金钱。在对金钱的认识和使用过程中，人们养成了各自不同的财富观。现实生活中有人一掷千金，认为"千金散尽还复来"；有人量入为出，担心"一分钱难倒英雄汉"。

　　我们要认识到天上不会掉馅饼，图书、巧克力、房子、汽车这些都需要用金钱来购买，而金钱则需要通过个人努力工作去获得，所谓"君子爱财，取之有道"。其次，有了金钱以后要善于使用它，要让它创造更大的价值。

　　树立正确的财富观，可以优化财富品质，共同创造和分享财富。只有树立正确的财富观，我们才能懂得合法求财、合理使用，才能成为财富的真正主人，才能从容地驾驭金钱，而不是被它左右。

💡 每天学一点金融小知识： 人民币知识

人民币是我国法定货币，爱护人民币，保持人民币的整洁，维护人民币的信誉，保障人民币正常的流通秩序，是每个公民的义务。任何单位和个人都应当爱护人民币。

下面就为大家讲解一些人民币的小常识。

1. 人民币基本常识。

人民币作为我国的法定货币，代表着国家的财富，是国家主权的象征。人民币设计、制作、发行的过程相当复杂，在这个过程中凝聚了许多人的心血，国家投入了相当大的人力、物力、财力，因而它的制作成本、流通费用都很高，如果不爱护人民币，就是损害我们国家的尊严，也是对国家资源的极大浪费，所以我们每个公民都有爱护、保护人民币的义务。

携带人民币要使用钱包或钱夹，存放时要平铺整齐，不要乱折乱揉；不要将人民币与易污染和具有腐蚀性的物品放在一起，如水产品、鲜肉类、洗涤剂等；不要在人民币上乱写、乱画，不得故意损坏人民币。

暂时不用的人民币最好存到银行比较安全，不要随意乱放，更不要放在墙缝、地洞、石洞、炕洞或用土埋，这样，人民币很容易发生霉烂或被虫蚀、鼠咬，您的财产将因保管不善而遭受严重损失。

2. 这些属于违法行为。

（1）伪造、变造人民币；出售、购买伪造、变造的人民币；运输、持有、使用伪造、变造人民币。

（2）故意毁损人民币，如有的人为了满足自己的虚荣心，肆意将大量人民币撕毁或用火烧掉，或者在人民币上乱写乱画，这严重损害了人民币的尊严。

（3）将50元、100元人民币上的防伪金属安全线抽掉等。

（4）在宣传品、出版物或其他商品上非法使用人民币图样。

3. 残损人民币交换标准。

凡残损人民币有下列情况之一的，可以向金融机构按面额全额兑换。

（1）票面残损不超过1/5，其余部分的图案、文字能照原样连接的。

（2）票面污损、熏焦、水浸、变色，但能辨别真假，票面完整或残缺不超过1/5，票面其余部分的图案、文字能照原样连接的。

（3）票面残缺1/5～1/2，其余部分的图案、文字能照原样连接的，可以向银行按面额半数兑换。如不兑换，此票券不得在市场流通。

不能兑换的残缺人民币：

（1）票面残损 1/2 以上。

（2）票面污损、熏焦、水浸、油浸、变色，不能辨别真假者。

（3）故意挖补、涂改、剪贴拼凑、揭去一面的人民币。

银行收到残损人民币后，应清点后上交中国人民银行作为损伤人民币销毁处理。对不宜流通的残损、破旧人民币，公众可到银行营业柜台按兑换标准进行兑换；各商业、企事业、公交、旅游等服务机构、机关、部队、团体等单位在收款中应将残损人民币按挑剔标准及时挑出整理，并集中送存银行办理，不应将残缺的人民币再投入流通中。

趣味财商测试： 您的孩子财商多少分

共10道题，每道题10分，选"是"得10分。

1. 会辨认钱币吗？能够快速准确地认识币值、纸币和硬币？

是　否

2. 会计算找零吗？能数对较大数目的钱，知道找回多少钱吗？

是　否

3. 能看懂商品价格吗？知道打折的意思吗？逛超市能发现优惠的商品吗？

是　否

4. 会花钱吗？会自己购买铅笔、可乐、小玩具吗？会讨价还价吗？

是　否

5. 有属于自己支配的储蓄罐或者银行卡吗？

是　否

6. 会制订用钱计划吗？懂得把零用钱累积起来购买较贵的商品吗？

是　否

7. 懂得节约吗？比如会不会浪费食物，会不会把新玩具玩两天就扔到一边？

是　否

8. 是否拥有自己的"私房钱"和记账本，经常计算自己的"小金库"吗？

是　否

9. 从不借钱给别人吗？

是　否

10. 会通过做简单的家务来赚取自己的零用钱吗？

是　否

财商报告：

80分以上：恭喜！您的孩子财商100分。

他是个对金钱相当敏感的孩子。他拥有很强的理财意识。生活上，会计划用钱、懂节约、爱储蓄。希望他能够继续保持现有的良好习惯哦！不过，千万别变成一个只懂守财的"小吝啬鬼"啊！

60~80分之间：恭喜！您的孩子财商优良。

他是一个对金钱较敏感的孩子，拥有一定的理财知识，有较强的理财意识。生活上，比较节约，懂得储蓄。希望他能继续保持储蓄与花钱之间的良好平衡哦！不过，孩子还需要加强理财知识的学习，以培养良好的理财习惯。

40～60分之间：比较遗憾，您的孩子财商没有及格。

他对金钱较不敏感，很爱花钱。他的理财知识和理财意识有待提高。生活上，他不是很懂得节约和储蓄。建议他能加强理财训练，养成良好储蓄的习惯。

40分以下：非常遗憾，您的孩子财商比较差。

他对金钱很不敏感，非常爱花钱。他的理财知识和理财意识急需提高。生活上，他没有节约和储蓄的意识。建议家长帮他尽快制定财商训练计划吧！

第二章

授子鱼，不如授子以渔：
父母要当好孩子的财商启蒙老师

教孩子认识钱

综艺节目《爸爸去哪儿》第一季中田亮的女儿田雨橙去菜市场买东西，拿出五块"大洋"要买摊贩老板案板上最大的一块肉，网友被逗乐的同时不禁发出疑问：在日常生活中，父母是不是该教小孩子认识金钱呢？

对孩子进行"钱"的教育宜早不宜迟。当今社会是市场经济，既使不特意教，孩子也会耳濡目染地受到影响，与其让他们困惑还不如及早地加以正确引导。在孩子成长过程中，家长要及时让孩子明白钱的来源。

1. 钱是通过劳动换来的。

一位爸爸的分享：2005年我从事餐饮行业，因为服务行业的特点，我每天都是晚起晚归。而这样的结果是，妻子和女儿都起床时，正是我熟睡的时候，而当她们都睡着了，我一般还没有回家。直到有一天，女儿打电话给我："爸爸，我很想你，我已经一个多星期没有看见你了。"这时我才意识到，这段时间的忙碌竟然忽略了家人，我马上告诉女儿，爸爸晚上请你吃饭，小家伙高兴得不得了。

在饭桌上，女儿问我："爸爸，你每天必须工作到很晚才能回来吗？不去工作不行吗？"我忽然意识到我该跟她说说工作的重要性了。我说："不行的，每个大人都要去工作，爸爸用劳动换来工资，也就是钱，有了钱才能带你去吃好吃的、买好玩具啊！"女儿好像也明白了这个道理，妻子也在旁边顺着话题说："每个大人都要去工作，而上学是每个孩子应该做的事，等你长大了也要去工作。"女儿兴奋地说："那我明天也要早早地去幼儿园！"

家长在孩子成长过程中，要学会用不同的方式让孩子明白，工作是我们赚钱的一种方式，也要让孩子知道父母的职业，让他们逐渐了解所有的人都在不同的工作岗位上努力工作。那么，回到家庭财商教育中，家长应该引导孩子参与家庭劳动，这也是一种亲子教育。可以让孩子去做拖地、洗袜子、倒垃圾等他们力所能及的小事，让孩子明白工作的价值，同时可以给孩子一些报酬，让他们知道付出劳动才可以获取回报。

2. 钱是投资生意得来的。

另一位爸爸说道：我从2002年开始经营通信行业，几年的努力使我拥有了固定的客户，因为行业区域发展空间有限，我把这部分业务交给妻子打理。妻子有时也把女儿领到办公室去，有一天女儿突然问到："妈妈，你也在这上班吗，这里谁是经理呀？"办公室另一个员工乐了，笑着对女儿说："你妈妈就是经理，是我们的老板，我们给你妈妈打工。"女儿接着说："我也要当经理。"几天后，我发现女儿和小朋友在家玩过家家时，就玩起了开公司的游戏，每个人还都有分工，有经理、副经理、业务员、办公室文员这些角色。

妻子还告诉女儿："妈妈办公室里的这些东西都是我们自己投资买的。"妻子也拿出我们给企业安装的通信设备，告诉她："身边有好多企业都是我们的客户，我们给他们提供设备、提供服务，帮助客户省钱才能从客户身上赚到钱。"

生活中，我们大人的一言一行，都直接影响孩子的思维和行动，父母的言传身教对孩子影响太大了。

3. 钱是储蓄得来的。

这点其实不难做到，我们可以把家中的存折给孩子看，告诉孩子把钱放在银行里，就会得到银行的利息，生动地讲，就是"大钱生小钱"了。为了让孩子明白这个道理，家长也可以和孩子玩一个游戏：找出家中没用的存折，让孩子把他的钱存在这个存折里，家长就是"银行"，这样，孩子就会主动关心钱的变化。我们可以设定一个增长幅度，让孩子看到钱在变多，这样孩子就能直观地感受到自己的钱存起来就会得到更多的钱。

4. 钱是亲情的表达。

每个孩子都会得到大人给的钱，尽管名义不同，有压岁钱、见面礼、各种奖励等。因为家庭环境不同，孩子得到的这笔钱数量也不同，有的孩子因为家庭亲属多，父母朋友多，每年的压岁钱也就不少。孩子得到了钱，家长要让孩子明白这些钱代表的是大人对他的爱。家长可以引导孩子把这笔钱单独存起来，或者让孩子有偿借给爸爸妈妈，或者去买一份小额定投基金、投资教育保险等。家长要不断潜移默化地引导孩子，让他们学会让钱为自己服务，让钱生钱，甚至做小额投资。家长也可以创新一些方法，帮助孩子运作这笔钱，让孩子多样化地学到钱生钱的本领。需要注意的是，有的家长担心孩子乱花钱，会把孩子的压岁钱收回来，这样做其实是错失了一次培养孩子财商的机会。

在教育孩子的过程中，孩子的智商、情商被越来越多的父母放在同等的天平上。现在，"财商"一词也被越来越多的人提及。从小教孩子认识钱的重要性，接受理财教育，早一步形成理财观念，才能为孩子的一生打下财富基础。

对于3～8岁的孩子来说，了解有关钱的知识有个步骤可供参考：3岁的孩子能够辨认硬币和纸币；5 岁的孩子让他知道钱货交易的道理；6 岁时教孩子能够数清一定数目的钱；7 岁时孩子应该能够看懂商店里商品的标价；8 岁时能够懂得自己用劳动换取报酬，买自己喜欢的小商品。

现代脑科学研究表明，婴幼儿出生时就有超强的整体识别能力和自然记忆能力，3 岁时上述能力达到最高点。也就是说，从出生至 3 岁这个阶段，人的大脑是快速发育的重要阶段。一个人一生所谓天赋的东西，往往就是在这 3 年里奠定基础的，而且这些东西将可能影响孩子的一生。我们应该看到，童年是孩子思想最为单纯、最为天真的时期，同时又是模仿力、好奇心、学习欲最强的时期。这一时期的孩子就像一张洁白无瑕的纸，就看他们生活中的第一任老师——父母，教他们画下一些什么了。

孩子 3 岁以后，家长就可以教他们认识纸币和硬币了。先让孩子认识元和角这样的小面额钞票或硬币，不光是让孩子说出钱币的面值，还要让孩子知道它们所代表的实际价值。如乘公共汽车时，让孩子去投币箱投

币，有的公交车是 1 元，有的公交车是 2 元。也可以让孩子去买雪糕，让他们知道不同品牌的雪糕价格是不一样的。去儿童乐园时，让孩子知道 5元钱可以玩哪几项游乐活动等。待孩子熟悉元、角这些小面额钞票之后，

可以接着教他认识 10 元、20 元、50 元、100 元的钱币。总之，要根据孩子对钱币实际认识的多少来确定教学的深浅度。

对学龄前孩子进行理财教育时，要考虑孩子的年龄特征。可能家长费尽口舌而孩子仍坚持要得到一些自己想要的东西，这都是很正常的现象。重要的是要让孩子习惯听到你说"不"，并向孩子解释为什么说"不"。

学龄前儿童理财教育的目标是：引导孩子养成良好的习惯和积极的品格，而对于学龄前孩子理财教育最好的方法是：言传身教。

TIPS:

在孩子接受压岁钱的同时，也要引导孩子去回报给他钱的人，一个吻、一声谢谢、一个小礼物都是孩子回报的方式。家长对孩子的财商教育，绝不仅仅是教孩子多赚钱，只进不出，这是不对的。

教孩子正确识别假币

假币出现会给群众造成财产损失，而假币的泛滥则会造成国家经济的不稳定。制假、售假、用假，侵害了群众利益，干扰了货币流通的正常秩序，破坏了社会信用原则，是社会经济生活中的一大毒瘤。因此，普及假币知识，提高孩子识别假币的水平，不仅可以保护人民币的合法地位，也是维护我们自身的利益。

100多名学生居然在课堂上做起"小动作"，一个个兴致勃勃地拿着人民币纸钞又摸又看……这天下午的教室里上着一堂别开生面的金融知识普及课，老师正在教学生们如何识别真假人民币。

"大家沿着纸币有凹印手感线的一侧对着光看，有没有看到隐形的面额数字？"在老师的引导下，同学们一个个举着纸币，对着灯光细细地端详起来。"看到了，看到了！"不一会儿，同学们都兴奋地喊了起来。

婷婷乖巧懂事，经常帮父母买菜，父母教她识别纸钞要看固定头像水印和光变油墨面额数字，用手摸雕刻头像和凹印手感线来识别，当天她又学会了利用查看人民币当中的全息磁性开窗安全线和侧边的隐形面额数字来辨别是否为真钞。

目前,"一看、二摸、三听、四测"是鉴别假币最简单有效的办法。

1. 一看。

就是靠肉眼仔细观察钞票的颜色、图案、花纹等外观情况。

看钞票的水印是否清晰,有无层次感和立体效果;看有无安全线,真币的安全线是在造纸时采用专门工艺夹在纸张中制成的,迎光清晰可见,有的上面还有缩微文字,假币的安全线一般是用特殊油墨描绘在纸张表面,平视可见,迎光看则模糊不清;看专用油墨印刷图案,如第五套人民币上的隐形面额数字、光变油墨面额数字用眼就很容易进行鉴别;看主景、人像图案层次是否分明清晰、逼真,真币的人像表情传神,富有立体感,颜色协调,色调柔和而明亮;看色彩过渡是否自然、准确,整张票面图案颜色是否统一;看底纹线,真币底纹各种线条粗细均匀,直线、斜线、波纹线明晰、光洁,假币有的没有底纹线,或图纹线条粗糙,呈点状结构,机制假币的底纹线是由不连续的多色小点构成的虚线条,复印假币的底纹线周边均有不同程度的毛边;看对印图案,人民币对印制版印刷技术要求精确度很高,所以假币容易出现正背面图景错位现象;看冠字号码字体大小是否一致且排列整齐,是否有重号现象等。

2. 二摸。

就是指依靠手指触摸钞票的感觉来分辨人民币的真假。

真币纸张手感光洁、厚薄均匀、坚挺有韧性;假币用普通商业用纸制造,厚薄不一,手感粗糙、松软、挺度差,还有的表面涂有蜡状物,手摸发滑。第四套人民币 5 元以上券别和第五套人民币均采用了凹版印刷,触摸票面上行名、水印、盲文、国徽、主景图案等凹印部位,凹凸感较明显,俗称"打手";而假币一般是平版印刷或复印,手感平滑。

3. 三听。

就是指根据抖动钞票发出的声音来判别人民币的真伪。

人民币是专用特制纸张制成的，具有挺韧、耐折、不易撕裂的特点，手持钞票用力凌空抖动，手指轻弹，或用两手一张一弛轻轻对称拉动钞票，均能发出清脆响亮的声音；而假币声音发闷，且易撕断。鉴别时要注意用力均匀以及钞票的新旧程度，对于纸质较软发旧的钞票，不适合使用这种方法。

4. 四测。

对制作手法比较高明、伪造质量较好的假钞，仅靠以上方法是不能够准确鉴别的，需要利用专用工具进行检测。

在对钞票进行真伪鉴别时，一般可用 5 倍以上放大镜仔细观察票面的平印隔色、套色、对印是否准确，尤其是平凹接线技术是否一致，看票面上的胶印缩微文字是否清晰等；可用特定波长的紫外光灯检测无色荧光图案，看票面是否有无色荧光纤维，看钞纸是否有荧光反映；可用磁性检测仪测磁性印记；可用尺子来测量钞票的纸幅大小；还可把薄页纸敷在钞票水印位置上用铅笔轻拓，纸上会出现清晰的水印轮廓图等。

前三种方法称为直观比较法，凭经验将可疑币与真币进行比较，从而判别人民币的真伪。第四种鉴别方法需要借助仪器或简单工具，并且需要掌握一定的技术，称之为仪器鉴别法。从市场上发现的假币来看，通过前三种的鉴别方法一般都能识别出是真币还是假币，如果不能识别，建议到附近的银行去进行鉴别。

年龄小一点的孩子，不能系统地掌握真假币的识别方法，家长可以学习几种简单有效的方法教给孩子。

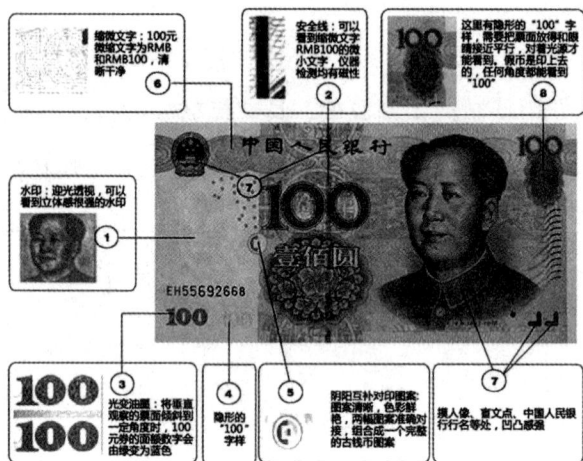

银行人士介绍了几种简单的鉴别办法，凭肉眼就能轻易辨认（见上图）。

另外，2015 年 11 月 12 日开始，2015 年版第五套人民币 100 元纸币正式发行，新版人民币在保持规格、正背面主图案、主色调等不变的情况下，做了一些调整，并在防伪技术和印制质量上进行了改进和提升。比如，增加了防伪性能较高的光彩光变数字、光变镂空开窗安全线、磁性全埋安全线等防伪特征，提升了人像水印等防伪性能，改变了原有的冠字号码字形并增加了竖号码。根据防伪技术的新发展，取消了 2005 年版第五套人民币 100 元的光变油墨面额数字、隐形面额数字、凹印手感线 3 项防伪特征。

那么，如何识别新版 100 元人民币的真伪呢？

鉴别新版 100 元人民币有七招：

一是看光变镂空开窗安全线。这条宽 4 毫米的安全线位于钞票正面右侧，相当显眼，当观察角度由直视变为斜视时，安全线颜色由品红色变为绿色；透光观察时，可见安全线中正反交替排列的镂空文字"100"。

二是看光彩光变数字。在钞票正面中部印有光彩光变数字"100"，垂直观察票面，数字"100"以金色为主；平视观察，数字"100"以绿色为主。随着观察角度的改变，数字"100"颜色在金色和绿色之间交替变化，并可见到一条亮光带上下滚动。

三是看人像水印。人像水印位于钞票正面左侧空白处。透光观察，可见毛泽东头像。

四是看胶印对印图案。在钞票正面左下方和背面右下方，两面都有数字"100"的局部图案。透光观察，正背面图案就可以组成一个完整的面额数字"100"。

五是看横竖双号码。钞票正面左下方采用横号码，其冠字和前两位数字为暗红色，后六位数字为黑色；右侧竖号码为蓝色。

六是看白水印。位于钞票正面横号码下方。透光观察，可以看到透光性很强的水印面额数字"100"。

七是摸雕刻凹印。钞票正面毛泽东头像、国徽、"中国人民银行"行名，右上角面额数字、盲文及背面人民大会堂等均采用雕刻凹印印刷，用手指触摸有明显的凹凸感。

在这七招里面，最重要的是前两招。新钞增加了国际先进的光彩光变数字"100"和光变镂空开窗安全线，垂直看分别是金色和品红色的，转变角度平视后都变成绿色，掌握了这些，孩子5秒钟内就能辨别真伪。

尽管我们学习了真假币的识别方法，但现实生活中，由于匆忙、不注意，难免会收到假币。那么，发现假币后该怎么办？如果误收假币，不应再次使用，应上缴当地银行或公安机关；如果看到别人大量持有假币，应劝其上缴，或向公安机关报告；如果发现有人制造、买卖假币，应掌握证据，向公安机关报告。

- 票面中部增加了光彩光变数字
- 中央团花图案中心花卉色彩由桔红色调整为紫色取消花卉外淡蓝色花环
- 胶印对印图案由古钱币图案改为面额数字"100"并由票面左侧中间位置调整至左下角
- 年号调整为"2015年"
- 面额数字"100"上半部颜色由深紫色调整为浅紫色下半部由大红色调整为桔红色

- 票面右上角面额数字由横排改为竖排
- 取消了票面右侧的凹印手感线
- 票面右侧增加了光变镂空开窗安全线和竖号码
- 取消了全息磁性开窗安全线
- 取消右下角的防复印标记

　　哪些单位可以没收、收缴假币呢？根据《中华人民共和国人民币管理条例》和《中国人民银行假币收缴、鉴定管理办法》规定，公安机关和人民银行有权没收假币，办理货币存取款和外币兑换业务的金融机构可以收缴假币，除以上单位，其他任何单位和个人均无权没收和收缴假币。

　　哪些金融机构可以鉴定货币真伪呢？根据《中华人民共和国人民币管理条例》和《中国人民银行假币收缴、鉴定管理办法》的规定，中国人民银行以及由人民银行授权的中国工商银行、中国农业银行、中国银行、中国建设银行的业务机构可以进行货币真伪鉴定。

送孩子一个存钱罐

    中国人的传统理财观念是量入为出，喜欢把多余的钱存起来。有人说存款给人以安全感；有人说存款给人以希望；还有人说存款给人以幸福。无论怎样，这都是中国的传统理财观念。现代成功学大师拿破仑·希尔曾指出，对所有的人来说，存钱是成功的基本条件之一。不过，近年来为了刺激经济增长，人们开始提倡消费，倡导花未来的钱，享受今天的生活。面对这样一种全新理财观念，孩子们很容易养成挥霍的消费习惯，而这是非常不利于人生的财富规划的，因此，面对提前消费观念，家长们一定要有清醒的认识，帮助孩子抵御它所带来的不良影响，帮孩子养成存钱的好习惯。

    如果孩子能养成储蓄习惯，那么这种储蓄的意志将伴随孩子一生，让孩子一生受益。要知道，人的意志也只不过是在日常习惯中成长出来的一种推动力量。一种习惯一旦形成之后，就会自动驱使一个人采取行动。家长要教会孩子如何储蓄以及如何才能让自己不缺钱花。换言之，就是帮助孩子养成储蓄的习惯，这种能力将帮助孩子把自己所拥有的财富更加系统地保存下来，从而为幸福生活奠定经济基础。

当当是个机器猫迷，他经常缠着妈妈给她买各种各样可爱的机器猫玩具。当当4岁生日的这天，妈妈送给她一个蓝色的机器猫存钱罐，并郑重地告诉她：只要坚持往里面存硬币，机器猫就会实现她的愿望。当当记住了妈妈的话，等到了当当5岁生日的时候，她用存钱罐里的钱买了自己喜欢的书包。就这样，当当养成了储蓄的好习惯。由此可见，存钱罐虽小，但是它的确能够帮助孩子树立储蓄意识，养成存钱的习惯。

很多爸爸妈妈和亲戚朋友都有可能会给自己家里或者朋友的孩子买存钱罐作为儿童礼品，那么存钱罐对孩子的财商培养有哪些重要的意义呢？

一个美美的存钱罐放在孩子的书桌上或者屋子里非常有生气，作为装饰可以美观环境，还可以给孩子留下一个美好的童年记忆。爸爸妈妈们的童年不一定有机会能够得到很好的玩具，但是给孩子买一个他们喜欢的存钱罐，他们会开心很久。除此之外，存钱罐还可以帮助孩子养成良好的理财习惯，从而促进其财商的发展。无论是生活中的节俭也好，还是想要给自己买玩具也好，都要让孩子明白，不要总是依靠别人，要靠自己的努力得到自己想要的东西或者给别人买需要的东西。另外，养成储蓄习惯还可以锻炼孩子照顾人的能力和自律能力。

情景一：儿子又在翻我的包包了，把我包包里所有的东西翻了一个遍，有时候是为了在包包里找个口香糖，有时候则会打开我的小钱夹，拿出一张两张，问他干嘛，他理直气壮地回答："买玩具。"按他的话来说，他只知道钱能坐摇摇车、买巧克力、买玩具。我经常告诉儿子不能随便翻别人的东西，可他一旦玩高兴了，又忘于脑后。

情景二：儿子又在调皮了，爷爷在一旁乐呵呵地逗儿子："来，亲爷爷一下。"儿子小脑袋一摆，趴在椅子上一动不动，爷爷灵机一动，拍拍自己裤兜，"快看这里有什么？"儿子一翻就起身跑到爷爷身边，踮起脚亲他一口，然后利索地摸起他的裤兜……儿子每次拿到大人给他的钱，一开始还挺感兴趣，玩一会儿后，就这一张、那一张地扔在地上，他连拣都懒得拣了。

儿子快满五岁了，我早就有打算给他买个存钱罐了，周末逛街无意间看到一个绿色的小熊存钱罐，立即买了。晚上放在儿子的床头。第二天一早起床儿子就发现了，非常高兴，我告诉他这个存钱罐的用途，他感到新鲜极了，问我要了一块钱，然后又问爷爷奶奶要，家里每一个人都给了他一块钱，然后儿子很认真把一枚一枚的硬币投进了小熊的肚子里，摇了又摇，爱不释手地抱在怀里，我告诉他，这个要保管好，钱存起来是以后买学习用品的，如果能坚持存的话，将来会越存越多。儿子似懂非懂地点点头，小心地放在自己认为很安全的地方……

在儿子逐渐对钱有认识的时候，希望他也会懂得珍惜，不要浪费，给他买存钱罐，让他从小就知道理财的概念，但愿小熊真能帮儿子养成储蓄的好习惯。

学会储蓄是一个人财商品质的重要方面，一个不懂得储蓄的人，他的财商也不见得有多高。有些父母利用强制的方法，为孩子订立储蓄的规矩，让他们在每个月的零花钱中，必须拿出一定的金额存起来，但由于这不是自愿的，所以并不是一个好办法。其实最好的时机，就是当孩子想购买一件特别的东西，但自己能力不够时，父母就可利用这些机会，让目标成为孩子储蓄的强大动力。

　　虽然储蓄有很多好处，但对于年纪较小的孩子，无论你怎么说，他们也不会明白其中的道理。遇到这种情况时，家长可为孩子发掘储蓄的目标，让他们可以为一个较实在的目标而努力。父母可以把储蓄的目标，拍摄成一张照片，或把杂志里有关的广告照片剪下来，然后贴在储蓄罐上，成为一个目标储蓄罐，并在旁边做一张图表，以跟踪其进展情况。假如储蓄的目标是100元，当每次攒够10元的时候，就在旁边画上一枚星星，画满10枚便到达目标了。孩子每次把钱放入储蓄罐时，由于看到玩具的照片和星星的进度，就会产生一种"为目标储蓄"的感觉，就会更加激励和规范自己。在选择储蓄目标时，应该考虑到这些目标会不会持久，如果预计这件玩具很快便过时的话，就不要选择这件东西。也可在一些特别的日子，例如母亲节快到的时候，爸爸可以和孩子一起合资购买一件礼物送给妈妈。

TIPS:

　　对于孩子们来说，一个可以看得到的目标，总会比一个看不到的目标更有吸引力，储蓄的动力也会更大一些。

送孩子一个记账本

正所谓，好记性比不上烂笔头。看着孩子一天天长大，他们在学会存钱的同时，也开始"自作主张"地买自己喜欢的东西。如何才能教孩子既会存钱也会合理地花钱，防止他们大手大脚呢？有一个好办法：送孩子一个记账本吧！

生活中不记账的孩子有很多，父母给多少零花钱就花多少，自己想怎么花就怎么花，父母以为"这不是什么大事儿"，孩子也以为"我自己的钱我想怎么花就怎么花"，其实这涉及一个人的理财观念和理财习惯。通过记账，可以帮助孩子掌握某一阶段的收入和支出的情况，随时修正自己的消费计划，为以后积累财富奠定良好的基础。具体而言，让孩子自己在账本上面记录消费明细，可以使孩子学会精打细算，掌握一些基本的理财技能，有利于提高孩子的财商。当然，父母应当定期对孩子的账本进行复核或检查，并且及时给出指导和建议。孩子没有养成记账的习惯，根本原因在于父母，或许父母本人都没有这个意识，又如何能要求孩子做到呢？所以，要让孩子养成记账的习惯，父母首先要有这个意识，不妨从送给孩子一个记账本做起。

父母送给孩子记账本，可以让他这样给自己记一笔账：每个月得到了多少零花钱，都买了哪些东西，价格是多少，都做一个明细出来，然后每周或每月做一次总结。父母通过这种方式，可以有效掌握孩子的财务状况，孩子也可以通过这种方式提升自己的理财能力。当然，刚开始孩子没有经验，父母应该耐心引导，帮助孩子把最近一个时期的收支情况记录下来，让孩子慢慢养成记账习惯。当然，这是对于有一定算术基础的孩子而

言的，大约从孩子读三四年级开始，就可以慢慢让他记录简单的账目了。另外，为了便于孩子记录收支明细，在孩子购物时还要让他养成保留发票或购物小票的习惯。这样，何时购物，购买的数量和价格都会一清二楚，记起账来也就非常快捷、明了。在没有发票或购物小票的情况下，应当提醒孩子在记账本上及时记录明细，免得遗忘。

记账本不在乎多大，但一定得精致，要适合小孩子的"胃口"。所以，趁着周末或节假日，父母可以陪着孩子去文具店挑选他们喜欢的记账本，并且非常坦诚地告诉孩子：给他们买记账本，不是想控制他们花钱，而是让他们从小学会记录自己的真实生活，其中也包括花钱这一项。如果孩子

已经懂得使用电脑，也可以给他们买一本"Excel 使用大全"，和孩子一起用电脑记账。

要学会记账，首先必须掌握好收入的规律。孩子一般的收入项目有：上月剩余钱、当月零用钱、做家务赚的钱、其他收入如长辈给的钱。

其次，要掌握支出规律。通常情况下，支出项目分为储蓄、礼物或捐赠、消费这三项。这样做是为了让孩子明白储蓄和分享的重要性。同时，支出项目也可分为日常生活的固定支出和有特殊用途的无规律的变动支出。为了掌握现金，并且合理安排支出，必须先了解固定支出和变动支出的概念。当支出比收入多的时候，就要削减支出。为了让孩子养成合理的消费习惯，要求孩子把支出按项目分类，计算各项支出在总支出中所占的比重。在支出项目中，要分清楚"消费性支出"和"投资性支出"。消费性支出是指用在零食、娱乐方面的"费用"；投资性支出是指用在买书、上补习班等对未来具有投资效果的支出。美国建国之父本杰明·富兰克林说："对知识的投资带来的利润是最大的。"我们应该鼓励孩子以这样的优先顺序和标准来决定自己的支出。对于过去不合理的支出项目，最好使用不同颜色的笔进行重点标记，这样可以提醒自己谨慎支出。例如，对于一时冲动购买的东西要用红笔或荧光笔标示。

可以将账本分为 A、B、C、D 四个部分，A 部分是晴雨表，可以用符号记录与周期相关的资料，B 部分是记录常规普通资料，C 部分是整存整取的总账单，D 部分主要记录孩子的日常收支明细。当 D 账面结余金额积累到一定数额时，将其中部分金额转至由父母掌控的孩子独立账户，是孩子不能随意支取的金额，但也属于孩子理财账面金额的一部分，账目资料记录在 C 部分。孩子登记的每一笔收支，家长都要做出合理评价，或批评或表扬，都要在理财日记中做好记录，这就是最好的总结。经常给孩子一些零散钱，让孩子体验"积少成多"的乐趣。视孩子大小，要明确给钱的理由，比如奖励、劳动报酬等，而不是"没了就要，要了就给，给了就花，花了就没"的"一次性"消费原则，不能让孩子处于拿着账本却无财可理的尴尬境地，或几天都没有收支项目，也不利于记账习惯的培养。理财日记是家长和孩子进行文字沟通的平台，为与孩子一起交流沟通创造时机。记账本不仅是最好的培训理财的记账工具，也是一本孩子成长的回忆录，更是家庭回忆录的重要组成部分。

再次，父母的监督很重要。当然这种监督不是每次孩子花钱都要过问，而是每隔一个星期或者一个月，就要和孩子一起翻阅一下记账本。此举一方面是了解孩子的开销状况，另一方面也可以趁机与孩子进行讨论，告诉他们哪些钱该花，哪些钱没必要花；哪些钱花多了，哪些钱花少了。通过这种沟通，也能让孩子慢慢明白，花钱是讲究成本和艺术的，要学会有的放矢，也要有所计划，否则就会出现"钱到用时方恨少"的情况。到了孩子已经可以熟练地记录账目，同时消费行为也更加多样化的时候，可以进一步细分收入和支出项目。如果孩子已经是中学生或高中生了，就可以设计"借贷对照表"，记录自己的现金和物品，如果有向父母和朋友借钱，更要清楚记录，这是帮助孩子熟悉会计基础原理的好办法。通过这样的反复操作过程，孩子自然而然地熟悉了财务规划的概念。所以，零用钱记账本的教育正是"理财教育"的基础。

相信孩子通过运用记账本能更好地把钱花到需要的地方去，从而形成良好的理财习惯。

有些父母会犯一个错误，虽然把零花钱给了孩子，但管制太多，硬性规定什么可以买，什么不能买等，若孩子不听话，就会扣下个月的零花钱。虽然这种做法可避免孩子胡乱消费，但由于一切都是听从父母的指令，孩子自己没有控制的权利，所以在用钱的过程中，根本学不到任何理财的技巧。

给孩子应有的自主权，并不等于对孩子放任不理，而是树立平等的意识，耐心倾听孩子的想法，若他们的想法很正确，可以给予充分的肯定；至于错误的见解，可以和他们细心讨论，要以理服人，循循善诱。

在零用钱的运用过程中，父母应是一位负责鼓励的旁观者，而非全权主导的当事人。既然零花钱是孩子的，就应该让他们有自主权，就算孩子挥霍过度，父母也不应该出手干预，而是让他们尝尝缺钱的滋味，从失败中领悟出道理来。

TIPS:

记账的目的不光是为了记录收入和支出，更是让孩子熟悉"财务规划"的概念。财务规划是要确切地掌握平时相对固定的收入和支出规律，提前做好计划，以便在急着花钱的时候有所准备。

为孩子开一个银行账户

　　一到过年，孩子都成了"小富翁"，手里的压岁钱越来越多，少则几百，多则几千。如何帮助孩子树立正确的储蓄观、理智的消费观、健康的投资观，越来越成为家长头疼的问题。家长可以通过教会孩子合理安排压岁钱来培养孩子的"财商"，为其长大后独立理财和开拓一番事业打下良好的基础。曾经为世界各国培养出一千多名 CEO 的教育家夏保罗说过，要想子女成材，就一定要从他们小的时候开始进行理财教育。他甚至强调："对于一个家庭来说，小孩不会理财，富不过三代。"

　　如何开立儿童银行账户呢？

　　作为未成年人，儿童不具备完全行为能力，不能单独到银行处理个人事务，所以需要监护人的协助开立银行账户。监护人可以携带本人身份证件和儿童户口本到银行营业网点申请办理。

孩子人生第一个个人账户的建立、个人投资账户的设置，不仅能培养儿童的财富观念，也能引导儿童树立正确的价值观。所以，在打理儿童资产设置计划要注意以下几点：

1. 及早开始。

投资时间越长，复利效果越明显，累积的财富也越多，孩子的教育基金也就越早有着落。

2. 坚持长期投资。

定期定额采用平均成本的概念降低投资风险，但相应地也需长期投资，才能克服市场波动风险，并在市场回升时获利。

3. 不要在低点停止扣款。

基金净值有高低波动，最悲观的时候往往也是最低点的时候，由于低点时可买进较多的基金份额，等到股市回升后可以享受更丰厚的回报。

4. 定期检测投资成果。

基金定投与长期储蓄毕竟有很大的不同，建议家长定期跟孩子一起检视一下定投成果，分析一下涨跌原因，这项工作可以通过在网上银行完成。在潜移默化中，孩子会主动了解国内外的时政新闻、财政信息、经济变化情况，成为小小经济观察员。

鉴于中国人民银行的有关规定中，没有明示小孩开户必须提供监护关系证明，仅要求"出具监护人的有效身份证件以及账户使用人的居民身份证或户口簿"，这给了监护人带着小孩用两张身份证为小孩开户提供了可能。不过，目前大多数银行审核严格，要求提供监护关系证明。

王先生最近正在为给自己八岁的儿子开个银行储蓄账户而烦恼。"我听人家说，让小孩子从小拥有和管理自己的银行账户，对开发小孩子的财商和未来的经商能力有很大的帮助，但是带着儿子跑了几趟银行，至今也没能如愿开成户。"

王先生去多家银行询问开户事宜，被告知多数银行要收取开户费，而且存在小额账户管理费。尽管金额不多，但王先生认为这一状况不适合小孩子，因为他不愿让他的儿子看到把钱存入银行，钱变得不是越来越多，而是越来越少。好不容易打听到在一家银行开设借记卡，不用缴纳各项费用，王先生兴冲冲赶到这家银行营业所。去了之后，营业员要求出示户口簿，要看大人和小孩之间的监护关系，看看是不是父子关系。王先生觉得好笑，"现在早已不是计划经济时代，一家几代人都在一个户口簿上，我儿子单独一个户口簿，拿来又能起到什么作用呢？"

银行的工作人员又补充道，户口簿不行的话，孩子的出生证也行。但是，王先生还是为难，因为医院开出的出生证明上连孩子的姓名都没有（当时还没给小孩取名），又怎能看出两者之间的监护关系呢？

而另一家银行，则答应王先生用大人和小孩两张身份证直接开户，但要收取 5 元的工本费，王先生不愿意。之后他又跑了好多家银行，反正不是审核要求严，就是存在各项收费，找不到一家银行既不要户口簿、出生证等材料，又是各项费用全免的。

银行的一名客服人员说："18 周岁以下未成年人在该行只能开立存折，不能开硬卡。但该行的另一名客服代表经查实后表示，18 周岁以下未成年人在该行既可以开立存折，也可以办硬卡。

其实，多家银行都设有儿童账户，可申请附属信用卡、借记卡等，如某银行推出的"如意三宝信用卡"，卡片分太阳卡、月亮卡和星星卡，分别针对家庭中爸爸、妈妈、孩子三个对象，诠释家的温馨、和睦与欢乐。据工作人员介绍，星星卡相当于太阳卡与月亮卡的附属卡，与主卡共享一个信用额度，由主卡持卡人偿还欠款。为了让家长可以即时了解和掌握孩子的消费情况，星星卡的信用额度可由主卡持卡人调整。此银行规定，年满 14 周岁的青少年可以申办星星卡。一年中刷卡三次可免除年费。各分支行活动不一，想要申请的家庭可以事先咨询。工作人员介绍，如果想为未成年人申请一张附属卡，那么该未成年人必须年满 14 周岁，且是主卡持卡人的直系亲属。在申请时，需提供户口本复印件，并递交双方签字的申请书。由于附属卡的欠款由主卡持卡人归还，因此为了让家长有效控制子女透支情况，可自由设定附属卡信用额度。有些银行信用卡中心的规定可能更为严格一些，未成年人必须年满 16 周岁方可申请父母主卡的附属卡，在申请时除提供身份证复印件外，还需要提供家庭关系证明，并递交双方签字的申请表等。

有的银行则推出了"宝贝成长卡"，是专为 16 岁以下婴幼儿、青少年、中小学生等未成年客户及其父母量身打造的主题卡。该卡以家庭为单位、按照"宝贝卡＋父爱卡＋母爱卡"的方式发行。除了具有一般借记卡功能外，卡片还有成长基金、成长保障、成长纪念、感恩回报等特色功能。例如，父母可以定期由父爱卡、母爱卡向宝贝卡存入资金，为孩子提供零花钱、教育金等。

还有某银行的"小鬼当家"卡，这种卡旨在培养"小鬼"们正确的金融意识，帮助儿童、少年积蓄压岁钱、零用钱。这张卡片包括所有本银行借记卡的金融功能，另外还可以选择附加产品，如"活期储蓄＋赠送父母账户信息即时通"，让父母随时了解孩子的消费动态；"教育储蓄"针对小学四年级以上学生办理，让家长提前为孩子做好日后上大学的准备，让孩子感受到父母的爱；"钱生钱B"计划是为青少年短期大额教育资金提供的一项增值理财产品，可以实现资金流动性与收益性的完美结合。自资金存入日起，每7天（最短一天）按照对应币种的通知存款利率自动结息，同时将上一结息日的本金和利息自动转入下一计息周期复利计息，可以随时支取。

其实，银行的这类业务种类较多，家长在选购时需要多方比较，理性选择。理财教育不仅是一种财产管理分配的教育，在很大程度上还是人格、品德和诚信的教育。从小注重对孩子财商的启蒙，培养孩子良好的理财观念和习惯，必将影响和改变孩子的一生。相信通过对孩子财商的培养，我们的下一代对财富的认知能力、创造能力和管理能力会有更大的提高。

小贴士：

1. 未成年人开户条件。

中国人民银行 2008 年 6 月 20 日发布的《关于进一步落实个人人民币银行存款账户实名制的通知》（银发〔2008〕191 号）第二条第二款指出：居住在中国境内 16 岁以下的中国公民，应由监护人代理开立个人银行账户，出具监护人的有效身份证件以及账户使用人的居民身份证或户口簿。

2. 何谓监护人。

我国 1987 年 1 月 1 日起施行的《民法通则》第 16 条对未成年人的监护人下了定义：未成年人的父母是未成年人的监护人。未成年人的父母已经死亡或者没有监护能力的，由下列人员中有监护能力的人担任监护人：（一）祖父母、外祖父母；（二）兄、姐；（三）关系密切的其他亲属、朋友愿意承担监护责任，经未成年人的父、母的所在单位或者未成年人住所地的居民委员会、村民委员会同意的。

对担任监护人有争议的，由未成年人的父、母所在单位或者未成年人住所地的居民委员会、村民委员会在近亲属中指定。对指定不服提起诉讼的，由人民法院裁决。没有第一款、第二款规定的监护人的，由未成年人的父、母所在单位或者未成年人住所地的居民委员会、村民委员会或者民政部门担任监护人。

3. 未成年人可办身份证。

我国《居民身份证法》于 2004 年 1 月 1 日起施行。该法第 2 条规定：居住在中华人民共和国境内的年满 16 周岁的中国公民，应当依照本法的规定申请领取居民身份证；未满 16 周岁的中国公民，可以依照本法的规定申请领取居民身份证。第 5 条规定：16 周岁以上公民的居民身份证的有效期为 10 年、20 年、长期。16 周岁至 25 周岁的，发给有效期 10 年的居民身份证；26 周岁至 45 周岁的，发给有效期 20 年的居民身份证；46 周岁以上的，发给长期有效的居民身份证。未满 16 周岁的公民，自愿申请领取居民身份证的，发给有效期 5 年的居民身份证。

TIPS:

为孩子建立一个银行账户，实现孩子个人财富的专款专用，可以将孩子的压岁钱、零花钱、家务劳动收入等统统汇集到这个账户中，通过办理活期、定期、国债、基金、理财产品等业务，让孩子学会打理人生的第一笔财富。

每天学一点金融小知识： 银行卡安全使用注意事项

1. 银行卡使用过程中的注意事项。

（1）信息通畅。持卡人在银行预留的手机、单位电话、住宅电话、对账单地址和邮编等联系信息发生变动时，应及时通知银行更新，以便可以及时接收到银行发出的信息通知，并且在发生异常时银行可迅速联系到持卡人。如果长期在境外用卡，请务必将预留在银行的手机号开通国际漫游功能，同时，在银行预留境内联系人信息。

（2）定期对账。持卡人要养成良好的对账习惯和还款习惯，在收到银行寄出的对账单时，应及时核对用卡情况，一旦发现不符，应及时联系发卡银行，查询原因。遇到有争议的账务，应尽量在第一时间内联系银行，进行差错处理。

（3）及时挂失。持卡人如不慎丢失银行卡或银行卡被抢、被盗时，务必在第一时间通过最便利最快捷的渠道，如拨打发卡银行服务热线电话，向银行申请挂失。挂失分为口头挂失和书面挂失两种。口头挂失指通过拨打发卡银行的客服电话进行办理；书面挂失指正式挂失，持卡人可亲自到发卡银行进行办理，在办理挂失后，应注意挂失的生效时间和账户的资金变动情况。

2. 刷卡消费。

（1）刷卡消费输入密码时，尽量用身体遮挡操作界面，避免被不法分子窥视。

（2）在刷卡消费时，不要让银行卡离开自己的视线范围，留意收银员的刷卡次数。

（3）拿到收银员交回的签购单和银行卡时，应仔细核对签购单上的金额是否正确，卡片是否为本人的卡片。

（4）刷卡消费时，若发生异常情况，要妥善保管好交易单据，如发生刷卡交易重复扣款的情况，可凭交易单据及对账单及时与发卡行联系。

（5）在收到银行卡对账单后，应及时核对用卡情况，如有疑问，可拨打发卡银行客服热线进行咨询。

3. ATM存取款。

（1）在自助银行门禁系统刷卡前，留意门禁是否有密码键盘或改装痕迹，门禁系统刷卡是不需要输入密码的；在门禁系统上刷卡时，用手指挡住卡面上卡号等信息，防范被不法分子的针孔摄像机偷窥。

（2）在ATM上查询、取款时，要留意ATM上是否有多余的装置或摄像头，输入密码时应尽量快速并用身体遮挡操作界面，避免被不法分子窥视，另外，不要设定简单数字排列的密码等，以防被不法分子破解。

（3）选择打印 ATM 交易单据凭证时，不要轻易将其随手丢弃，避免泄露银行卡卡号等关键信息，应妥善保管或及时处理、销毁单据。

（4）操作 ATM 时，如出现机器吞卡或不吐钞的故障，不要轻易离开，可在原地及时拨打 ATM 屏幕上显示的银行服务热线或该银行的客服热线进行求助。

（5）认真识别银行告示，千万不要轻易相信要求客户将钱转到指定账户的公告、短信或电话，发现此类可疑信息应尽快向银行和公安机关举报。

（6）如发现可疑门禁或其他 ATM 部位改装痕迹，或已在可疑门禁上进行了刷卡操作，应立即拨打该自助银行客户服务热线或银联卡反欺诈中心热线举报，同时向公安机关报案。

4. 网上购物。

（1）了解与您交易的网上商户，在信任的网站进行购物，如果是初次交易，可以确认商户的固定电话（而不是手机号码）及邮寄地址（而不是邮箱地址），验证商户的真实可靠性。

（2）使用安全的网站，在支付页面进行支付时，留意网页地址的前缀变为 https：//。

（3）保护个人信息。查看网上商户的隐私保护条款，了解商户搜集了哪些个人信息，以及这些信息如何被使用。千万不要透露账户密码等重要信息。

（4）保存订单及销售条款。由于购物网页随时有可能更换，可将订单及网页上有关消费保护的事项，包括送货时间、客户服务、退货办法等打印出来，一旦受骗，应及时向工商管理部门或消费者保护协会举报。

（5）防范账户被盗用。谨慎选择交易卖方商户，不要将自己的信用卡卡号、有效期、密码等信息透露给虚拟卖家。不要登录卖家诱导的支付平台，谨防虚假支付网站。

财商趣味测试： 你能快速致富吗

此题为计分式，答案是根据每道题选项的分数值累加得到的，请统计好自己的分数：选 A 4 分，选 B 3 分，选 C 2 分，选 D 1 分。

1. 公司发了一笔奖金，你会如何犒劳自己？

A. 请自己大吃一顿。

B. 买前段时间想买的贵重物品。

C. 还是存着好了。

D. 除了犒劳自己，也给家人买些东西。

2. 你会经常借钱给别人吗？

A. 要看是借给什么人，做什么用，才考虑要不要借。

B. 只要自己有钱，这方面还是很大方的。

C. 除非是拒绝不了，不然很少会借。

D. 不好意思拒绝，基本都会借。

3. 你赞成用分期付款的方式买车吗？

A. 会先考虑自己承担的力度，再决定买什么样的车，分多少期。

B. 赞成，只要是自己喜欢的，就会这么做。

C. 压力太大了，比较起来我还是愿意先存钱后买车。

D. 尽量先找父母赞助，剩余的再考虑分期的问题。

4. 你常去商店买换季打折的物品吗？

A. 要看什么东西，若是日常用品，就去，有潮流趋势的衣物等就不会去。

B. 不常去。我都是想买什么就买什么，不会考虑那么多。

C. 虽然我很喜欢买换季打折的物品，但也会根据自己的经济实力来。

D. 是的，我常常会买很多换季打折的物品，省钱。

5. 你看到想要的东西就一定要得到吗？

A. 肯定会去努力，实在得不到，再用其他东西代替。

B. 是的，想尽办法都要得到。

C. 心里肯定迫切想要得到，并会去试试，但实在得不到也就算了。

D. 得之我幸，不得我命，不太强求。

6. 你会在公共场合捡起五毛钱吗？

A. 是自己掉的就捡，别人掉的就不会捡。

B. 五毛钱有什么好捡的？

C. 若无人看到就捡。

D. 捡起来，然后问周围的人是谁掉的。

7. 你经常会买福利彩票或体育彩票吗？

A. 投注彩票太不靠谱，基本不会去买。

B. 要么不买，一买就会买很多。

C. 偶尔买来玩玩，中大奖还是不会去奢望。

D. 会常常去买，但每次也只是买几块钱，当给自己一个发财的希望。

8. 到退休年龄时，你还会不会想继续工作或赚钱？

A. 应该会，退休了会有些不习惯。

B. 当然会想赚钱，但赚钱的方式不一定是继续上班。

C. 看经济状况吧，如果到退休年龄时，家庭状况还不错，就退休。

D. 当然会想彻底退休，享受清闲的老年生活。

9. 如果可以得到一笔一千万元的巨款，你会如何领取？

A. 根据实际需要先领一半，剩余再做考虑。

B. 一次性领完一千万元。

C. 按年领，并设定多少年领完。

D. 按月领，并设定几个月领完。

10. 你想要住的地方是？

A. 郊外的别墅。

B. 市中心的豪华大楼。

C. 设施、配置齐全，交通也比较便利的高档小区。

D. 田园式的住宅。

财商报告：

30～40 分：财商指数 95%

你头脑聪明，只要有时间就能学会实用的赚钱技能，一旦时机成熟就能令人刮目相看。并且你花钱的态度一向都是为了让自己开心，为了让生活品位提升，也因为这种驱动力，你会迫使自己不断去赚钱。其实吃、穿也是能进行投资的，你完全可以凭借自己的魄力和品位去进行一些能升值的消费。

25～29 分：财商指数 65%

你敢于冒险的性格有利于你快速达到赚钱目标，但还要学会控制风险，这样财富才能稳步增长。并且还要小心冲动消费而导致资产赤字，建议你做好每周预算，尽量让自己理性花销，以免到手的钱，转眼就没了。

20～24 分：财商指数 40%

你是一个很保守的人，专注于自己所从事的工作，赚钱目标也总是客观而容易实现的，但最好能在理财上再多一点闯劲和激情。若觉得理财麻烦，对股票提不起太大兴趣，又嫌定期储蓄效率太低，建议你请值得信赖的人帮你理财，这样更有利于累积财富。

10～19 分：财商指数 20%

你是一个标准的乐观主义者，懂得分享与包容，虽然能理智地选择自己能力范围之内的赚钱方法和盈利目标，但还是缺乏行动力。赚钱对于你来说，太容易停留在想与思考的阶段。若能付出行动，试着去正式做一些投资，尝试一些新事物，相信绝对能增加你的理财效率。

第三章

独立，从经济独立开始

让孩子参与家庭收支的分配： 每一分钱都来之不易

　　A 小孩问他的爸爸："我们家有钱吗?"爸爸回答他："我有钱,你没有。我的钱是我自己努力奋斗得来的,将来你也可以通过你的劳动获得金钱。"

　　B 小孩问他的爸爸："我们家有钱吗?"爸爸回答他："我们家有很多钱,将来这些钱都是你的。"

　　那么, 这两个孩子传承到的是什么?

A 小孩听了爸爸的话会获得以下几方面的信息：

（1）我的爸爸很有钱，但爸爸的钱是爸爸的。

（2）爸爸的钱是通过努力得来的。

（3）我如果想有钱，我也得通过劳动和努力获得。

获得了这些信息，这个孩子就会很努力，对自己的人生也会有很多期许，他也想像爸爸一样通过努力获得财富。这位爸爸传给儿子的不仅仅是物质财富，更重要的是一种精神财富，精神财富会让孩子受益一生。

B 小孩听了爸爸的话获得的信息是：

（1）我爸是有钱人，我们家有的是钱。

（2）我爸的钱就是我的钱。

（3）我不用努力就已经有很多钱了。

于是，当这个孩子长大接手父亲的财富以后，很可能不知道珍惜和努力。应了古语说的"富不过三代！"

这位爸爸传给自己孩子的仅仅是物质财富，没有精神财富作依托，物质财富就成了一把"双刃剑"。

据美国媒体报道，为从小培养孩子们的理财观念，美国一些父母选择公开家庭收支情况，让孩子们逐渐建立起对家庭财务状况的认知。

报道称，家长们可以在孩子五六岁时初步向他们介绍家里的日常开销，慢慢建立起他们对家庭财务状况的认知，当他们十几岁时告诉他们真正的答案。如果方式正确，这可能将成为孩子童年时期最重要的财商课程之一。

在一家互联网公司上班的程先生希望让 5 岁的女儿了解金钱的价值，他做了一件让很多家长认为激进的事情——如实告诉孩子他的收入。他特意到银行取出 2 万元的现金，这是他当时的月薪，直接向女儿展示了这些百元大钞。

程先生把所有的钱都摊在桌子上，开始计算家庭每个月要支付的账单，他向女儿解释了纳税、家庭日常开销以及房贷的开支，他还拿出了一部分现金，分别用于支付女儿的教育费用等，最后手上的钱所剩无几。程先生说："我想尽力给孩子留下很深的印象，让她知道每一份钱都来之不易。"

有些家长认为孩子要"富养"，生活条件好了就不愿孩子吃苦。但"富"不是指充裕的物质生活，而是孩子情调的提升、气质的熏陶。很多家长反映，"孩子用钱没概念，花钱大手大脚的"。这其实和家长的态度很有关系。有些家长很容易满足孩子，在可买可不买的情况下，往往选择迁就孩子。而且很多家长带孩子去买东西，刷个卡就行了，孩子很难对消费有较深的体会。

父母习惯上都不喜欢向自己的孩子公开财务状况。如果孩子提出了什么物质上的要求，不管要求合不合理，只要是孩子提出来了，就努力满足

孩子的要求。这其实是一种不正确的方法，不利于孩子及早地形成一种正确的理财观念。

向孩子公开家庭财务状况，有一个好处就是让孩子尽早地加入家庭理财的行列中来。让孩子有一种主人翁意识，把父母的钱也当成自己的钱来看。孩子也会好好考虑在家庭中还有哪些地方可以实现理财的优化。另一个方面，就是让孩子能够明白家庭的财务状况，从而不对父母提出过高的要求。

平时家里的一些投资意向，也可以让孩子参与其中。一是让孩子了解相关的理财知识，二是能够让孩子也参与到家庭的理财决策中来。这样可以让孩子也觉得自己是家庭中的一员，可以为家庭尽一份力。在平时的生活中，孩子就会习惯主动思考和了解相关的理财窍门和常识了。

要想培养孩子良好的财商意识，就要对孩子做到平等和坦诚相待，让孩子清楚家庭中每一个成员的消费情况。这样一来，孩子也会不自觉地把自己的消费情况与家庭中的其他成员比较，然后来客观地评价自己的消费行为，及时改正自己的不良消费习惯。

给爸爸妈妈打工： 用自己的劳动换取零花钱

我们教孩子如何看书识字，如何懂礼貌，却唯独忘了教孩子如何理财。

"爸爸，给我三十块钱，我要买一个变形金刚！""妈妈，我的圆珠笔坏了，给我五块钱。"现在的孩子经常会向父母提出这样的要求，家长既不想拒绝孩子的要求，又怕孩子养成乱花钱的坏习惯，常常会感到左右为难，不知所措。那么，到底要怎样对待孩子的这种行为呢？

中国孩子的零用钱主要来自压岁钱和家长给的零花钱，压岁钱很多家庭都是交由妈妈代为管理，一般用作孩子的学费或买学习用品等，有些家长有理财观念，会把这些钱用于孩子的教育基金，但也有一些家长会把这

些钱交由孩子自己保管或自由支配。

2008 年奥巴马接受《人物》杂志专访时谈到两个女儿的教育问题，曾经表示他对两个女儿管教严厉，12 岁的大女儿玛莉亚和 9 岁的小女儿的萨莎，必须做家务才有零用钱，如果做家务，每星期能领到 1 美元的零用钱，家务包括布置餐桌、清洗碗盘、打扫自己的房间和衣柜等。

第一夫人米歇尔说："女儿不许出现以下行为：抱怨、哭闹、争辩、纠缠和恶意嘲笑。"她们要自己整理床铺、自设闹钟、自己起床、自己穿衣服等。

奥巴马说："一次我离家几个星期，女儿玛莉亚对我说，'嗨，你欠我 10 个星期零用钱啦！'"

有人开玩笑说，奥巴马给女儿的"工资"太低了，属于最低时薪，还敦促总统为女儿提出刺激财政方案。不知道在物价飞涨的今天，总统奥巴马给女儿的"工资"有没有涨一点呢？

零用钱是一种用来教育孩子理财观念的"工具"，重点是帮助孩子学会理财技巧，也就是说教孩子使用零花钱是让孩子学会如何预算、节约和自己做出消费决定的重要教育手段。给孩子零用钱，目的是让孩子通过赚钱、花钱这个过程，来学会怎么多赚钱，有计划地花钱，然后才是利用手里的钱去获取更多的钱。那么零用钱该怎么给？

家长要让孩子明白，家里的钱也是爸爸妈妈辛苦工作换来的，不是取之不尽、用之不竭的。想要让孩子体会到这一点，只有创造机会，让他们通过自己的劳动来换取零花钱。

孩子小的时候，家长可以教他们做一些简单的家务，比如叠好自己的被子，学会将自己的东西收拾好，帮妈妈扫扫地、刷刷碗等，并适当地用一些硬币来奖励孩子。

等孩子长大一些，可以在周末的时候，让孩子做一顿早饭、帮爸爸妈妈热一杯牛奶、烤一片面包等。这不仅可以锻炼孩子的独立生活能力，同时可以让孩子得到一些零花钱，让他去支配自己的钱，去买他想要的东西，在这个过程中，家长要引导孩子树立正确的金钱观。

当孩子进入学校，会接触到很多小伙伴，不可避免地就会产生攀比心理，父母可以让他们用大人获取金钱的方式——工作来赚钱。帮父母倒垃圾、打扫卫生、按摩、做饭、洗碗、拿报纸、出门买东西，等等，都可以成为他们的工作内容。孩子为爸爸妈妈打工，然后取得相应的劳动报酬，这不仅能让孩子体验到劳动的艰辛，更能学着去体会爸爸妈妈的赚钱不易。

孩子一点点长大，长成了小小的大人，这时家长就可以教他在网络上赚钱。比如说，做一些小手工，放到网上去卖，或者写一些文章，投到少儿报纸或杂志赚取稿酬，都是不错的选择。这可以让孩子较早地接触社会，达到锻炼孩子综合素质的目的。

逢年过节，孩子还会从亲戚朋友那儿获得数量不少的压岁钱，这么一大笔零花钱在手，家长就要教孩子如何将这些零散资金进行系统地运用，这是教会孩子理财的重要一步。

让孩子通过劳动获取报酬，本来是件好事，但也有人指出，这样也容易导致孩子纯粹为了钱而劳动，不给钱就什么都不做。教育专家建议，不要为孩子所做的每一件小事支付报酬，有些活是要"付费"的，有的却是"非付费"的。比如，为集体（家庭）做贡献的，打扫公共区域的卫生、洗车、修剪草坪等，家长可以付给孩子一定的费用作为感谢和奖励，而如果是孩子自己的事情，如洗自己的衣物，整理自己的书包、房间等，自己的事情自己做，这些都是没有报酬的。

由于零用钱是孩子自己的劳动所得，所以孩子会有一种倍感珍惜的潜意识，大部分孩子也都能够妥善地使用手中的零用钱，而并不是随意挥霍。总之，在合理的范围内，家长应该鼓励孩子用自己的劳动来赚取零花钱，让孩子明白只有通过劳动赚取金钱去买自己想要的东西才是正当途径，这也是培养孩子财商的一个重要方面。

TIPS:

付费的工作：打扫公共区域的卫生、洗车、修剪草坪等。

非付费工作：洗自己的衣服，整理自己的书包、床、房间等。

亲手教孩子做规划，让他们学会 "钱生钱"

不少专家和理财师都提倡在日常生活的点点滴滴中渗入财商的培养。比如，我们可以学习国外的"财商课程"，根据国内的情况予以正确的引导；也可以和孩子一起讨论他们每个月零花钱的用度应该如何把握；和孩子一起商讨家庭保险的方案，选或不选都能让孩子了解保险业；和孩子一起制订家庭短期旅游的花销计划，小到购买纪念品大至旅游住处的挑选，让他们参与到规划和管理钱财的过程中，而不是只让孩子背上自己的背包就了事；和孩子一起申请属于他们的儿童银行账户，在提供儿童账户服务的银行配合下，一起管理他们的"财产"……正所谓"知易行难"，如何培养、教导自己的孩子学会做理财规划呢？建议父母可从以下三大方面着手培养。

1. 树立正确理财观。

正确健康的金钱观将使孩子了解人生的意义与价值，进而享受并开创人生。正确的理财教育，不仅仅是教给孩子良好的金钱观念，懂得一些基础的理财方法来管理金钱，培养正确判断和合理选择的智慧，更重要的是要培养孩子的责任感、感恩、自信等品德，养成良好的理财习惯，还要学会用经济的眼光和思维方式来规划梦想和管理人生。专家建议，父母可从日常生活教育着手，进行孩子的理财教育及观念培养，如建立储蓄观念，明白金钱是用来为人们生活服务的而非人生目的，不做金钱的奴隶等。

2. 小钱变大钱。

每个父母都会给孩子零花钱，逢年过节，孩子还会从亲戚朋友那儿获得数量不等的压岁钱，将这些零散资金学会系统运用，是教会孩子理财的重要一步。理财师建议，父母可利用一些银行产品让孩子学会"强制储蓄"，使小钱变大钱，如零存整取、整存整取等。

3. 懂得"钱生钱"。

少儿理财是银行的一个新业务领域，不少银行也针对儿童开发了一些理财产品，教会孩子从小利用金融理财产品，灵活运用资金，学会"钱生钱"，能够从小培养孩子的赚钱意识和能力。如给孩子开设独立的银行户头，等资金累积到一定程度后，就可以购买银行人民币理财品，进行基金定投，积少成多。

给孩子打造一套压岁钱理财方案

近年来，随着人们生活水平的提高，压岁钱的"行情"也一路看涨，成为孩子们不小的一笔"财富"，有的孩子甚至每年能收到上万元的压岁钱。很多家长却为如何支配压岁钱而烦恼：没收，孩子觉得父母不尊重他；让孩子自由支配，又担心他们会乱花，更不利于培养孩子正确的金钱观念。理财专家建议："父母可根据孩子的兴趣引导其建立自己的'梦想金库'，让孩子自行对压岁钱进行管理。若干年后，每年积攒的压岁钱可成为其成年后事业起步的第一桶金。有些孩子用压岁钱理财后获得的收益回报家长，令他们很感动。"一位家长也说，让压岁钱"钱生钱"，不仅可以让孩子学会"理财"，更重要的是培养了孩子的独立意识。理财顾问介绍，现在银行的金融产品很多，家长可以引导孩子把压岁钱存银行定期、做基金定投、购买少儿保险、投资黄金、收藏品，等等。根据孩子的年龄、家庭经济状况，家长可以给孩子量身打造一套压岁钱的理财方案。

1. 为孩子购买保险和教育金规划。

今年七岁半的明明拿到的压岁钱近8000元，妈妈为了培养儿子自主能力，决定引导明明自己支配压岁钱。在跟明明讨论一番后，妈妈和明明约定按50%消费、30%储蓄或投资、20%捐赠的比例分配明明的压岁钱。其中，4000余元用于明明购买书籍、衣服和玩具等；1500元作为定点帮扶资助金寄给了希望小学的同学；剩余的30%为其购买了银行相关的保障计划。这项保障计划的缴费期为10年，保障期为20年，这将为明明以后的学业提供资金支持。

提醒：为孩子投保避免陷入误区。

越来越多的家长将购买保险作为打理孩子压岁钱的首选，但是，家长为孩子投保也容易陷入误区。专家表示，为孩子购买保险，应遵循以下基本原则：

第一，先保大人，后保小孩。父母才是孩子最大的保障，父母没有保险，孩子亦谈不上保障。只给孩子买保险这是中国家庭投保出现的最大误区，注意绝不能主次颠倒。

第二，先保障，后理财。

第三，投保顺序一般为意外、医疗、重疾、教育金，孩子的保险优先考虑的应该是意外、医疗健康方面的保险。教育金保险类似强制储蓄，保额根据各个家庭的经济承受能力和压岁钱的多少而定。如果经济能力不足，亦可暂时先放一放。

第四，不一定一次购买到位，意外险可以全家都买，其他险种根据经济条件先给家庭支柱购买，再逐步完善。

第五，家庭年保费支出为家庭年收入的10%～20%，这样才不至于给家庭带来较大经济负担。

2. 开设儿童账户储蓄。

据了解，目前大多数银行均可开立儿童账户，可具备基本的存取款及转账功能，存款方式包括活期、零存整取等。如果孩子年龄过小，父母将压岁钱存入儿童账户后，可代为管理，待孩子十几岁时可交给其自己打理，父母可通过网上银行实时关注孩子账户的变动情况。不过，由于儿童没有风险承受能力，儿童账户里的钱不能买银行理财产品，也不能从事基金定投，基金定投可以父母的名义开户，为孩子将来储备教育金。

教育储蓄是一种零存整取的定期储蓄存款，小学四年级至高中二年级的学生都可以开立。存期分为一年、三年、六年。可一次性存入，也可以分次存入或按月存入，本金合计最高限额为2万元。教育储蓄的利率不交利息税。专家表示：风险低、专款专用是教育储蓄的特点，比较适合为初中、高中等小额教育费用做准备。

提醒：储蓄存期要短要分散。

储蓄期限不宜较长，以一年以内为宜。对于一些突发事件而临时用钱，原定的定期储蓄白白损失了利息的情况下，建议采取分散存钱的方法。对于孩子的压岁钱，如果金额较大，不妨也借鉴上述方式，既可解决压岁钱的流动性问题，亦可获得较高的存款收益。

3. 定投基金。

压岁钱的投入最能体现基金长线投资的理念。理财师称，定期用压岁钱投资基金，等孩子成年，就可以解决教育费用、婚嫁费用甚至创业费用。因为股市波动较大，基金定投中，债券型基金可以占到20%，股票型基金占到80%。

张章已经拿了十多年压岁钱。起初，他总是把钱先放在抽屉里，到年底由妈妈带着他去银行存定期，后来，妈妈给他办了个活期存折，当活期存折内的数目达到500元后就存一张定期存单，这样，不仅多了活期存款的利息，更增加了定存的利息。

上中学后，听着妈妈和姥爷大谈基金，张章也拿出自己存的3000元压岁钱，央求老妈用她的基金账户为自己买了基金，不久便净挣了10%的收益。

去年年底，刚满16岁的张章办理了身份证，然后开了一个自己的基金账户。他盘算着，今年春节会有2000元左右的压岁钱入账，到时候再买2000元的货币基金。

4. 买收藏品。

家长和孩子也可以考虑将压岁钱用于贺岁纪念品、邮票、字画或者是其他一些兼具艺术欣赏和收藏价值的物品。这样不仅能培养孩子对人文艺术的兴趣，而且这些收藏品还具有保值、增值的潜力。

5. 看重安全购买保险。

保险理财专家表示，假如父母代为管理孩子们的这些压岁钱，最好为其投保一份儿童保险，既给了孩子一份保障，又兼顾了收益。目前市场上儿童保险有儿童意外伤害险、儿童健康医疗险、儿童教育储备险和儿童投资理财险等，其特点各有不同，父母在选择时应该从最基本的需要买起。

专家介绍，压岁钱金额在 1 万元以上的可以购买长期保险计划，如少儿健康医疗险等，在 1 万元以下的建议存起来由孩子自由支配，但需要有合理可行的开支计划，以供家长监督，培养孩子的自主理财意识。如果孩子较小，而且今后每年都会收到压岁钱，建议以千元为分界线。压岁钱在 1000 元以上可购买期缴型保险产品，5~10 年期为宜，积少成多，以强化孩子的强制储蓄意识和保障理财意识。在 1000 元以下最好选择基金定投，以备将来上学使用。基金定投时家长最好带孩子一起去听取银行理财师的建议，等孩子明白基金定投的概念后可以自己选择基金公司，以培养他们主动理财的兴趣。

取得收入别忘了纳税， 培养孩子的纳税意识

为什么我们自己通过劳动挣了钱还要向国家交税呢？你想过这个问题吗？简单地说，我们交税是因为我们使用了政府提供的服务，比如，我们晚上上街有明亮的路灯照明；因为有了警察我们才倍感安全；有了环卫工人的劳动我们才能享受到洁净的环境……这些都是政府提供给我们的，我们必须为此向政府交一定的费用。当然，个人所得税的作用还远不止这些。

从一般意义上讲，政府赋税有两个基本职能：一是政府取得收入的基本手段，二是政府进行宏观调控的主要工具。从微观主体角度来讲，公民

之所以需要交税，一是公民享用公共产品的相应义务，二是为了调节收入差距、平衡利益分配。

普通公民依法向政府纳税，而政府则利用财政收入提供公共产品和服务，例如提供军队、环保、社保、文化设施、交通建设等，公民得到了这些产品和服务，就有纳税的义务。

当然，个税也有收入调节的功能，收入高的人多交税，增加财政收入；收入低的人可以少交税甚至不交税，对于收入特别低的人，国家还会用收上来的税收补贴他。

综上所述，当我们取得收入时，一定不要忘了交税，这是维护整个国家正常运行所必需的。如果一个国家不能正常运行的话，那么作为这个国家的公民，我们还能正常地、幸福地生活吗？

我们知道了，挣了钱要交税，但具体交多少呢？看看下面的表就知道了。

个人所得税税率表（适合工资、薪酬所得）

级数	含税级距	不含税级距	税率（%）	速算扣除数
1	不超过 1500 元的	不超 1455 元的	3	0
2	超过 1500 元至 4500 元的部分	超过 1455 元至 4155 元的部分	10	105
3	超过 4500 元至 9000 元的部分	超过 4155 元至 7755 元的部分	20	555
4	超过 9000 元至 35000 元的部分	超过 7755 元至 27255 元的部分	25	1005
5	超过 35000 元至 55000 元的部分	超 27255 元至 41255 元的部分	30	2755
6	超过 55000 元至 80000 元的部分	超 41255 元至 57505 元的部分	35	5505
7	超过 80000 元的部分	超 57505 元的部分	45	13505

计算方法如下：

应纳个人所得税税额 = 应纳税所得额 × 适用税率 − 速算扣除数

扣除标准 3500 元/月（2011 年 9 月 1 日起正式执行）（工资、薪金所得适用）

应纳税所得额 = 扣除三险一金后月收入 − 扣除标准

当然，有的人的收入主要来源于稳定的工资，有的可能来源于一次性的劳务报酬。比如，你利用假期打工，可能一次性获得了 5000 元，那么税率就是 20%。

除此之外，还有其他形式的收入，计算方法也不一样。当然，个人所得税的税率和起征点，国家会根据人们生活水平的提高不断进行调整的。但不管怎么样，我们要从小树立依法纳税、纳税光荣的意识，等以后自己长大了，有能力了，做一个依法纳税的好公民。

拒绝做 "月光族" 和 "卡奴"

随着国民收入的增长以及全球化因素的影响，家庭对子女教育和日常生活投入的费用比重日益增长，随之而来的问题也愈发突出，"啃老族""月光族""卡奴"等理财技能缺失的年轻群体规模逐年扩大。你的孩子知道怎么管理金钱吗？

相关人员对于儿童的理财技能进行过调查，结果发现，孩子的财商意识，与身为第一任"理财老师"的父母有着紧密的关系。报告称，许多"月光族"和"卡奴"，都是家长对孩子童年时期的财商教育出了问题。

1. 家长对子女财富管理能力的培养普遍较差。

部分家长会控制孩子零花钱，限制或替代孩子的必要消费行为，使孩子失去理财教育的基础。调查显示，近25%的孩子表示自己没有零花钱，近26%的家长表示自己不给孩子零花钱。零花钱的缺失，意味着孩子没有或基本没有参与到实际消费活动中，这种家长包办的做法对于提升儿童认知金钱、运用金钱的能力较为不利。同时，给孩子零花钱的原则与动机复杂，孩子获得零花钱难易程度不一，导致儿童"贫富不均"现象突出。调查显示，将近65%的家长会根据孩子的实际需求判断给予孩子零花钱数量，这是一种理性的行为。20%左右的家长会根据家庭收入情况给孩子零花钱，有6%的家长则是要多少给多少，这很容易造成部分孩子零花钱失控。

家长基于不同目的给孩子钱，容易导致子女对金钱出现错误的理解。随意给、与节日或生日挂钩、与劳动挂钩、与学业挂钩等，这些五花八门的给钱原则如果家长不赋予合理的解释，会让孩子对金钱的意义产生混乱，不利于树立正确的金钱观，同时也会造成对学习、情感、劳动的异化。除此之外，父母对孩子日常消费情况的监管力度也各不相同。调查显示，对于"是否过问子女用钱情况"的问题，"偶尔过问"的家长占36%左右，"经常会过问"的占30%，"从来不过问子女用钱"的父母则有13.8%，"一直都会过问"的占18.9%，前者疏于管理，势必会导致监管不到的问题出现；后者看似负责，实则监管过严，对于培养子女独立处理财富的能力不利。

2. 教养方式影响理财教育，尤其是放任型、专制型家长的教育对子女形成合理的理财观念有不利影响。

调查显示，当子女消费愿望与父母发生冲突时，10%以上的家长表现出专制型取向，20%以上的家长表现出权威型取向，40%以上的家长会和子女商量，听从更有道理的一方，表现出民主取向。但仍然有20%左右的家长会放任孩子的行为，表现出放任型取向。权威型父母教育下的子女学业成就较大，但自主性不高；民主型父母教育的孩子学业成就其次，但自主性较高；专制型亲子关系对立，子女成就不高；放任型父母亲子关系良好，但子女成就不高。很明显，后两者对子女财商形成极为不利。

3. 家长理财教育普遍存在着高认同、低认知、弱执行、效果差等现象。

调查显示，超过八成的父母肯定理财教育的价值，其中37.3%的家长认为理财教育极其重要，44%的家长认为理财教育非常重要。只有7.5%的父母持反对意见，11.3%的父母难以判断。但是家长对什么是理财、什么是理财教育、如何开展家庭理财教育缺乏正确的认知，低认知和弱执行表现为他们虽然认识到理财的重要性，但基本上没有开展有针对性的理财教育。调查显示，虽然一半的家长愿意对孩子进行理财教育，但是苦于找不到什么好方法；只有25.4%的家长已经开始或正在对孩子进行理财教育。

4. 家长理财教育观相对传统，缺乏保险、投资等方面的理财教育。

调查显示，将近35%的家长认为理财教育最重要的目标是"懂得珍惜劳动果实"，而近25%的家长认为理财教育是为了树立孩子正确的金钱观，23%的家长认为要培养孩子理性的消费观，认为要让孩子养成长期投资观念的家长仅有7%，而注重保险投资理财观念的家长只有0.9%。

5. 轻视专业理财机构和专门的理财教育课程，过于倚重自身经验。

在理财教育的主体上，位列前三位的分别是：孩子自己在实践中领悟、家长教导、通过学校教育，而银行、保险等专业金融机构和专门理财培训机构的培训和课程，位居最后两位。

在教育途径上，超过半数的家长选择了让孩子尝试一些能通过实际劳动获得报酬的方式；41.9%的家长选择了把压岁钱或者孩子自己挣到的钱交给孩子自行支配；34.3%的家长选择了引导孩子进行一项投资；32.1%的家长选择引导孩子参与一些公益捐助活动。只有不到20%的家长选择了让孩子参与一些与财商教育相关的讲座活动等。

财商教育的缺失让成年后的孩子不知不觉地变成了"月光族"和"卡奴"。面对这种情况，家长该怎么办呢？

首先，家长应高度重视从小对孩子的财富管理能力的培养，保证孩子拥有适度的零花钱和个人积蓄，在日常生活中不应过度替代孩子必要的经济行为。另外，当家长给孩子零花钱时，可以采取多种方式，但要慎重处理零花钱与情感、学业或家庭劳动之间的联结关系，不能仅仅简单关注金钱的一维价值。保持对孩子消费行为的适度关注，在民主的前提下，逐步培养孩子的理性消费意识，引导孩子学会合理规划、量入为出、适度消费。

姗姗的妈妈打算按月给孩子一些零花钱，培养孩子的财商。于是，在微信家长群里发了一条求助信息，希望得到一些帮助和意见，结果，帮助没得到，"牢骚"倒是收集了一堆：家长们纷纷抱怨"小屁孩"成了"小月光"。家里的宝贝儿怎么都成了月光族？儿童"月光"的现象正常合理吗？

佳佳是班里公认的好孩子，乖巧、懂事，不仅学习好、多才多艺，自理能力也强，还经常帮助同学。不过，没想到的是，佳佳也是"月光族"。据佳佳妈妈介绍，从孩子8岁起，父母每月给她20元零花钱。后来，渐渐涨到50元。一开始，妈妈就叮嘱佳佳，这些钱可以买一些你喜欢的文具、零食、小礼物，但不要在小摊小店买吃的；要计划好买什么，买什么需要向家长汇报，得到允许再买……一开始，佳佳还能按照要求去做，但后来就慢慢"我行我素"了。佳佳喜欢买文具，偶尔买些纪念品、小贴画等。按说都是合理需求，但她买文具时，总喜欢同一件物品不同的颜色各买一个，红黄蓝绿四个色的荧光笔一买就是4个；胶带、水笔、橡皮也是4个、8个、10个地买，结果，家里都能开文具店了。

佳佳妈妈现在很发愁："她都快把文具店搬回家啦。按说我不反对你买，需要就买，用完再买；或者喜欢也可以买，但在喜欢的东西里挑一两件，或在所有颜色里挑一个你最喜欢的颜色。总之，消费还是要控制，还要理性一些，现在还没挣钱，就成'月光族'了，以后自己工作挣钱了，这怎么能行！万一哪天突然碰到急需的东西，可是手里的钱都花光了，那不是干着急吗！"

现在的"月光族"很普遍，不光是小孩，很多大学生、成年人都是"月光族"。造成这种现象的原因主要是没有从小养成"理财"的习惯。专家介绍说："现在物质比较丰富，家长给不给孩子零花钱应该不是一个有'分歧'的事儿。小学不给，中学给不给？中学不给，大学给不给？孩子总要面对'钱'这个东西，而理财是一种需要培养的能力，它是不会随着年龄的成长而增长的。目前，最关键的问题是，很多家长还没有意识到这个问题，对'理财'有误区，比如有些家长'谈钱色变'；有些家长则认为理财没什么用，自己没学过'理财'，日子照样过得不错。可是，有没有想过，如果他会'理财'，日子会过得更好。"

家长要意识到，"月光"和"透支"不是特别可怕的事儿，但要让孩子知道"月光"和"透支"是有风险和代价的，比如利息。所以，要避免孩子成为"月光族"和"卡奴"，就要从小要求孩子花钱要有计划，有记录，有总结。孩子在计划用途时要提醒孩子尽量把钱分配成三份：消费、储蓄、慈善。帮助孩子学会"理财"，充分发挥金钱的价值。如果孩子从小养成"理财"的习惯，现在就没有那么多"月光族"和"卡奴"了。

TIPS:

家长的理财教育要与孩子的日常生活紧密结合，启发孩子运用智慧和劳动创造财富，实现梦想和人生价值，树立正确的金钱观。

要做财富的主人而不是奴隶：
可以拥有财富，但不要拜金

人类社会经历了数千年的文明演进，形成了极其丰富的文化硕果，而金钱文化、资本文明是其中不可或缺的重要一部分，它几乎与人类社会同时产生、同时发展，与我们每一个人息息相关。

《茶花女》中有一句名言："金钱是好仆人、坏主人。"做金钱的主人，还是做金钱的奴隶，这反映了两种不同的金钱观。生活中，每个人都有自己的金钱观。金钱观是对金钱的根本看法和态度，是和人生观紧密相连的。金钱是适应商品交换的需要而产生的，随着商品经济的高度发展而逐渐成为财富的象征。谁拥有的金钱多，谁占有、支配的财富也就越多。于是，金钱就成为人们追逐的对象，拜金主义也由此产生。

金钱在促进商品交换的过程中起了重要作用，但金钱并非万能，世界上有比金钱更重要、更宝贵的东西。居里夫人放弃"镭专利"的巨额金钱，毅然将炼镭的技术公布于世，并把价值100万法郎的世界第一克镭捐献给治疗癌症的研究所。著名数学家华罗庚于1950年拒绝美国伊利诺大学终身教授的重金聘约，携妻子儿女一起越过太平洋的惊涛骇浪，投身于祖国的建设事业。

金钱是幸福生活的必要条件，但金钱并不等于幸福，因为人类不能没有精神生活。物质生活富裕而精神生活空虚的人，就不会有真正的幸福。从古至今，金钱的地位和作用都不是人力所能改变的，但它是静止的，我们则是运动的，是具有巨大的改造能力的，因此我们可以拥有它、使用它，使它让我们的理想实现。但是，我们不能过火，那样就会像守财奴一样。对待金钱，关键是看到它巨大的作用和亮点，使之服务于我们，帮助我们更好地实现我们的目标。

在生活中，要摆正与金钱、财富的关系，做到"一积一散谓之道，不以为珍谓之德，取舍合宜谓之义，无求非分谓之礼，博施济众谓之仁，出不失期谓之信，入不妨己谓之智"，用这个良方来平衡自己的心态。

有人把追求财富当作了生活的全部内容，这样一来，他们就再也无法享受到生活的宁静美好，反而将自己弄得身心疲惫，痴求财富就必为财富所奴役。

老约翰·洛克菲勒在33岁那年赚到了他一生中第一个100万，到了43岁，他建立了世界上知名的大企业——标准石油公司。但不幸的是，53岁时，他却成为事业的俘虏。充满忧虑及压力的生活早已压垮了他的健康。他的传记作者温格勒说："他在53岁时，看来就像个手脚僵硬的木乃伊。因为被不知名的消化症所困扰，头发不断脱落，甚至连睫毛也无法幸免，最后只剩几根稀疏的眉毛。……他的情况极为恶劣，有一阵子他只得依赖酸奶为生。"医生们诊断他患了一种神经性脱毛病，后来不得不戴顶帽子。不久以后，他订做了一项假发，终其一生都没有再摘下来过。洛克菲勒在农庄长大，曾经有着强健的体魄，宽阔的肩膀，走起路来更是步步生风。可是，对于多数人而言的巅峰岁月，他却已肩膀下垂，步履蹒跚。这位传记作者说："当他照镜子时，看到的是一位老人。"洛克菲勒之所以会出现这种情况，主要是因为他缺乏运动和休息。无休止的工作和严重的体力透支让他付出了惨重的代价。他虽然是世界上最富有的人，却也只能靠简单饮食为生。他每周收入高达几万美金。可是他一个礼拜能吃得下的食物，要不了两块钱。医生只允许他进食酸奶与几片苏打饼干。他脸上毫无血色，瘦骨嶙峋、老态龙钟。他只能用钱买到最好的医疗，使他不至于53岁就离开人世。忧虑、惊恐、压力及紧张已经把他逼近坟墓的边缘，他永不休止地追求金钱。据他身边人介绍，当生意赔钱时，他就会大病一场，可以肯定地说，他的健康是由忧虑一手毁灭的。他从没有闲暇去从事任何娱乐，从来不玩牌，也不参加任何宴会。马克·汉纳对他的评价是："一个为钱疯狂的人。"最后，医生对他宣布，在财富与生命中任选其一，并警告他如果继续透支健康去工作，只有死路一条。

医生不遗余力地挽救洛克菲勒的生命时，要他遵守三项原则：

第一，避免忧虑。绝不要在任何情况下为任何事烦恼。

第二，懂得放松，多到户外去从事一些温和的运动。

第三，注意饮食清淡，少食多餐。

洛克菲勒不得不谨记这些原则，也许可以因此而捡回一条命。他退休了，他学打高尔夫球，经常与邻居聊天、玩牌，甚至唱歌。在失眠的夜晚，洛克菲勒有足够的时间自省，他不再想如何赚钱，他开始懂得为别人着想，思考如何用钱来换取人类的幸福，于是洛克菲勒决定把他的亿万财富散播出去。他捐钱给教会，建成世界知名的芝加哥大学；他帮助黑人，捐助黑人大学；他甚至援助扑灭钩虫；他成立了世界性的洛克菲勒基金会，一直在对抗世界性的疾病与无知。他散尽千万财富，帮助他人，最终寻回心灵的平静，真正得到满足。洛克菲勒开心了，他彻底地改变了自己，成了财富的主人。

所以，我们要认识到金钱很重要，但再重要它也只是我们幸福生活的一部分，它是达到人生理想的一种手段和媒介，而不是全部和终极目标，我们要以合理合法的途径获得金钱，也要最大限度地回避金钱的毒性和危害。如果为了金钱毁掉了自己的人生，成了金钱的奴隶，那真是得不偿失、本末倒置了。

分享财富： 教育孩子用金钱去帮助更多的人

　　一个小女孩经过一片草地时，看见一只蝴蝶被荆棘刺伤了，于是她小心地为蝴蝶拔掉刺，让它飞向大自然。后来蝴蝶为了报恩，化作一位小仙女，对小女孩说："请你许一个愿吧！我将让它实现。"小女孩想想说："我希望快乐。"于是，仙女在她耳边轻声细语一番便飞走了。后来，这个小女孩果真快乐地度过了一生。而这个快乐的秘密就是力所能及地去帮助身边的每一个人。

　　帮助别人，快乐自己。家长要教育孩子用金钱去帮助更多的人，自己也可以收获更多的快乐。在困境中的人、伤心的人，拥有了一朵花，感觉就像是拥有了整个春天。如果我们能够通过一些方式来献出自己的一份关爱之情，就为别人营造了一个幸福的天堂。

有过这样一个小故事，一位小女孩去医院探望哥哥时带了一朵鲜花。隔壁床的一位病人看见了，也希望拥有这么一朵漂亮的花。于是，小女孩每次去探病都不忘为这位陌生人也带上一朵花。后来，这位病人为了让幸福散播开去，在医院旁边开了一个小店，让经过他小店去探病的人也带上一朵鲜花。结果，医院里每一个角落都充满了欢乐。

"股神"巴菲特2006年6月25日宣布将把自己的大部分财富捐给5家慈善基金会。按照当时的股价计算，巴菲特打算捐出的股份总价值约为370亿美元，这创造了美国有史以来个人慈善捐款额之最。而就在之前大约两个星期，世界首富比尔·盖茨表示他将在今后两年内逐步退出微软公司的日常管理，转而全身心投入慈善事业，"我将把全部财富用于捐赠，而不是留给自己的3个孩子"。盖茨对于自己的决定曾有过这样的解释，"我只是这笔财富的看管人，我需要找到最好的使用方式"。

巴菲特、比尔·盖茨的慈善举动让人感慨，但其中表现出的对金钱的态度更让人深思。对于他们来讲，创业是其人生的目标，而财富只是价值量化的标尺，当功成名就之后，将所得的财富回馈社会更彰显了他们人生的价值和意义。

钢铁大亨卡内基曾有一句名言："有钱人在道义上有责任把他们的一部分财产分给穷人，因为所有超过家用之外的个人财产都应该被认为是让社会受益的信托基金。"

小贴士：

我国十大慈善机构

也许你有一颗慈善的心，想要帮助需要帮助的人，但不知道通过哪些渠道，下面介绍一下我国的十大慈善机构。

（1）中华慈善总会。

中国规模较大、业绩较好的公益组织机构之一。1994 年 4 月在崔乃夫的倡导下成立，其宗旨是发扬人道主义精神。中华慈善总会自成立至今，始终坚持恪守总会宗旨，积极倡导慈善意识，努力开拓慈善工作的服务领域，广泛动员社会力量，多方筹措慈善资金，配合政府有关部门在紧急救援、扶贫济困、安老助孤、医疗救助、助学支教等方面做了大量工作，取得了显著成绩。

近几年来，中华慈善总会特别注意发挥其本身所特有的涵盖面较为宽泛的特点，开展了救灾、扶贫、安老、助孤、支教、助学、扶残、助医等

八大方面几十个慈善项目，逐步形成了遍布全国、规模巨大的慈善援助体系。截至目前，中华慈善总会直接募集慈善款物共折合人民币近百亿元，数以千万计的困难群众得到了不同形式的救助。

（2）中国残疾人联合会。

1988 年 3 月 15 日成立，作为国家法律确认、国务院批准的各类残疾人的全国性统一组织，它的全国代表大会是其最高领导机构。其下设主席团、执行理事会、评议委员会、专门协会和各类地方组织。

残联的章程规定，其资金来源有五部分：社会各界（国内外组织机构和个人）捐赠、政府资助、国际合作项目、创收和其他收入。据残联内部的统计数据显示，目前资金主要来源还是残联先申报，然后国家有关部委拨款专项专用。

（3）中国青少年发展基金会。

1989 年在北京正式成立的中国青少年发展基金会（简称中国青基会）是以促进中国青少年教育、科技、文化、体育、卫生、社会福利事业和环境保护事业发展为宗旨的全国性非营利社会团体。它所实施的项目包括人们所熟知的希望工程以及保护母亲河行动、中华古诗文经典诵读工程、公益信托基金、国际青少年消除贫困奖、中国十大杰出青年评选。

在这些项目中，最主要、最有影响力的是希望工程。这是一项被社会广泛关注的公益事业，旨在通过筹款，资助中国农村贫困地区的少年儿童

获得受教育的机会。据统计，目前全国希望工程累计资助建设希望小学9000余所，累计资助失学儿童约250多万名，援建希望网校130所。

（4）中国扶贫基金会。

中国规模最大、实力最强的专职扶贫公益机构。成立于1989年3月，由国务院扶贫开发领导小组办公室主管，是对海内外捐赠基金进行管理的非营利性社会组织，是独立的社会团体法人。中国扶贫基金会以搭建社会贫富互动平台，传递慈善爱心，促进社会和谐发展为己任，以励精图治、求真务实的精神，致力于动员社会参与，创新扶贫方式，推动政府公益政策制定，促进公民社会发育，实现社会平等、公正和共同富裕。基金会的员工长期从事扶贫或非政府组织与农村发展工作，他们的专业包括经济、农业、金融、工商管理、社区发展等领域。

（5）中国妇女发展基金会。

中国妇女发展基金会是经过中央人民银行批准、在民政部登记注册的全国性非营利性社会组织，它向国内外企事业单位、社会组织和个人募集资金和物资，旨在全面提高妇女素质，维护妇女合法权益，促进社会为妇女发展创造良好环境。

妇女基金会基金来源主要是：第一，接纳海内外热心妇女事业的企业、社会组织、人士的捐赠；第二，国家政策允许的基金增值和服务收入；第三，利息及其他合法收入。基金的增值部分必

须用于基金的任务范围，基金的使用须根据与捐赠人、资助人约定的目的、对象、方式合法使用。

（6）中国红十字会。

中国红十字会的历史可以追溯到 1904 年。当时正值清朝末年，为救助日俄战争中受害的我国同胞而成立。1912 年，中国红十字会正式成为国际红十字会的成员，1993 年全国人大制定《中华人民共和国红十字会法》，明确中国红十字会是"从事人道主义工作的社会救助团体"，它的职责较以前有所扩大。

目前，中国红十字会主要履行以下职责：开展救灾的准备工作；在自然灾害和突发事件中，对伤病员和其他受害人进行救助；普及卫生救护和防病知识，进行初级卫生救护培训；参与输血献血工作，推动无偿献血；开展红十字青少年活动，参加国际人道主义救援工作等。

（7）中华环保基金。

1992 年，在巴西里约热内卢的联合国环境与发展大会上，为奖励首任国家环保局局长曲格平教授为环境保护做出的贡献，特别颁发 10 万美金作为奖金。这笔钱后来成为中国第一个具有独立法人资格、非营利性的专门从事环境保护事业的民间基金会——中华环保基金成立的基础资金。

1993 年 4 月，环保基金正式成立，其宗旨主要是通过资助和奖励对中国环保事业做出贡献的个人和组织，推动中国环境保护的管理、科学研

究、人才培训及国际合作等各项环保事业的发展。基金会的基金来源主要有三种途径：国内外热心于环保事业的企、事业单位、团体的捐赠；其他组织、个人的捐赠；国内外有关组织和友好人士的捐赠。

（8）宋庆龄基金会。

十大全国性慈善机构中，宋庆龄基金会是唯一以国家领导人名字命名的慈善机构。

1981 年 5 月 29 日，中华人民共和国名誉主席宋庆龄逝世，一年后，在宋庆龄逝世一周年的纪念日里，宋庆龄基金会成立。基金会成立后，宗旨集中体现为"和平、统一、未来"六个字，即维护世界和平，促进祖国统一，关注民族未来。

募捐方法有三种：现金和现金支票，可以直接寄到基金会；股票、有价证券、产权契约，在住所住地的中国银行办理；各类物资，向基金会去信去电商处。

（9）中华见义勇为基金会。

作为指向性最强的基金会，中华见义勇为基金会 1993 年 6 月由公安部、中宣部、中央综治委、民政部、团中央等部委联合发起成立。面向公众募捐的地域范围是全国各地。以发扬中华民族传统美德，弘扬社会正气，倡导见义勇为，促进社会主义精神文明建设，加强社会治安综合治理和构建和谐社会为宗旨；以表彰奖励见义勇为先进分子、宣传英雄人物和英雄事迹、研讨见义勇为理论问题、推动见义勇为立法等为主要任务。

（10）中国光彩事业促进会。

1994 年 4 月为配合"国家八七扶贫攻坚计划"而发起的。以刘永好为代表的 10 位民营企业家在全国工商联七届二次常委会议上联名倡议"让我们投身到扶贫的光彩事业中来"，进而在中共中央统战部、中华全国工商业联合会（中国民间商会）发起下成立中国光彩事业促进会。它是光彩事业的组织机构，是经由国家民政部注册的非营利社团法人组织，享有联合国经社理事会特别咨商地位。它以广大非公有制经济人士和民营企业为参与主体，包括港澳台侨工商界人士共同参加。

促进会的经费来源一是会费，二是有关社会团体、企业人士的赞助，三是其他资助。

除了上述的十大慈善机构外，还有很多民间的和地方的慈善机构或组织，也是我们捐助的渠道。

每天学一点金融小知识： 了解证券

　　有价证券是一种具有一定票面金额，证明持券人有权按期取得一定收入，并可自由转让和买卖的所有权或债权证书，通常简称为证券。主要形式有股票和债券两大类。其中债券又可分为公司债券、国家公债和不动产抵押债券等。有价证券本身并没有价值，只是由于它能为持有者带来一定的股息或利息收入，因而可以在证券市场上自由买卖和流通。

　　按其性质不同，证券可以分为有价证券和凭证证券两大类。有价证券可以按不同的标准做不同的分类。按发行主体来划分可以分为政府证券、金融证券和公司证券。按上市与否，可以分为上市证券和非上市证券；按证券所载内容可以分为货币证券、资本证券和货物证券。

1. 货币证券。

可以用来代替货币使用的有价证券的商业信用工具，主要用于企业之间的商品交易、劳务报酬的支付和债权债务的清算等，常见的有期票、汇票、本票、支票等。

2. 资本证券。

它是指把资本投入企业或把资本供给企业或国家的一种书面证明文件，资本证券主要包括股权证券（所有权证券）和债权证券，如各种股票和各种债券等。

3. 货物证券。

指对货物有提取权的证明，它证明证券持有人可以凭证券提取该证券上所列明的货物，常见的有栈单、运货证书、提货单等。

证券业是从事证券发行和交易服务的专门行业，主要经营活动是沟通证券需求者和供给者之间的联系，并为双方证券交易提供服务，促使证券发行与流通高效地进行，并维持证券市场的运转秩序。主要由证券交易所、证券公司、证券协会及其他金融机构组成。

财商趣味测试： 你是哪种投资人

你知道智商、情商，但你听说过财商吗？现在就来测测，看你驾驭金钱与财富的能力怎么样？选A得3分，选B得2分，选C得1分。

1. 你喜欢刺激的休闲活动，例如蹦极、激流泛舟等。

A. 是 B. 有时 C. 不会

2. 朋友向你借钱，基于交情，你一定会设法帮助他。

A. 是 B. 有可能 C. 不会

3. 虽然你对股市不是很熟悉，但若有可靠消息透露某只股票将有主力介入炒作，你会考虑投入全部存款购买。

A. 是 B. 有可能 C. 不会

4. 你喜欢运用不同的理财工具，例如股票、基金或期货投资。当行情看涨时，你会利用借款扩张你的额度。

A. 是　B. 有可能　C. 不会

5. 拥有手机、手提电脑、Ipad、空气清新机、健康俱乐部会员中的任何两项。

A. 是　B. 有可能　C. 不会

6. 你对参加投资说明会的意愿颇高。

A. 是　B. 有可能　C. 不会

7. 某天在公共电话亭打电话，赫然发现地上一个信封袋，一打开，里面有 1 万元现金，你会马上装起来。

A. 是　B. 有可能　C. 不会

8. 百货公司周年庆正举办消费满 1 万元可参加捷达汽车抽奖活动，你一定会想办法凑到 1 万元的收据参加抽奖。

A. 是　B. 有可能　C. 不会

9. 有关部门将要推行某项政策，与你自身利益相冲突，你一定会合法地表达你的不满。

A. 是　B. 有可能　C. 不会

10. 当了多年上班族，几位高中同学决定要自行创业，开发一项颇具潜力的产品，虽然要两年后才能看出成果，但你仍然看好他们，同时很愿意入股。

A. 是　B. 有可能　C. 不会

财商报告：

25～30 分：

你的财商相当高，对投资的资讯掌握度很高，而且不容易受市场左右。这样的人在市场反转向下的时候，往往能全身而退。唯一需要注意的是资金的调配，以分散风险，追求更高的获利增长。

16~24分：

你的财商中等。社会上大多数人都属于这种类型。平常非常了解理财投资的重要性，但对自己的判断力没有信心。有时运气好尝到甜头，但缺乏全盘性的规划，到头来恐怕也没赚到多少。建议最好做中长期投资，以避免情绪受到市场波动的影响，追高杀跌。

10~15分：

你的财商恐怕低于你的IQ，非常极端。你可能是说得一口股票经、却不敢行动的保守投资人，或者你可能是在市场追高杀跌的大散户，投资时任何利空消息对你都会产生效果。建议这类投资人，将大部分资金交给专家管理，保留一小部分资金，享受追逐市场的操作乐趣。

第四章

很小很实用的财商小知识

孩子不可不知的财产保护小知识

1. 写合同或让他人打欠条，务必在对方落款名字后面让其写上身份证号码。

2. 给人借钱，如果是现金，务必在取现后保留取现的银行票据，ATM机取现则打印票据并保留，银行柜台取现则一定要保留底单；如果转账，也务必要保留转账凭证，同时不要注销掉该账号，否则日后发生纠纷，对方不认可，你也没有提供资金来源，很可能败诉。

3. 在借款合同中要写明利息，否则视为不用支付利息；利息超过银行贷款利息 4 倍将不受法律保护。

4. 网购时，商家在店铺说明等地方写的"不支持 7 天无理由退换"是无效的，即使他不支持，你也可以无理由退换。

5. 对于欺诈消费者的情况，你是可以获得超过损失的赔偿。

6. 租房子时，租期之内房子被卖了，你是不需要搬出去的。

7. 朋友找你借钱，你可以保留微信、短信、QQ 聊天、汇款记录等，证明朋友找你借钱，你将钱借给他的事实。

8. 定金跟订金，一字之差却差很多，定金是一种担保，多数情况是，买方交付给卖方后，买方如果违约，定金是拿不回来的；如果卖方违约，卖方可请求支付双倍定金的违约责任；而订金是类似一种预付款，可以拿回，也可以抵扣价款。

9. ATM 机或者存折上突然多出了很多钱，不要想着据为己有，这是违法的。

10. 遇到"查水表"的情况，先不要开门，要先让他出示"搜查证"，同时尽可能录音或录像，而且不要"一闪而过"的证件，要仔细核对证件上的内容。

培养孩子财商离不开经济学小常识

1. 贸易顺差。

贸易顺差是指在特定年度一国出口贸易总额大于进口贸易总额，又称"出超"，表示该国当年对外贸易处于有利地位。贸易顺差的大小在很大程度上反映一国在特定年份对外贸易活动状况。通常情况下，一国不宜长期大量出现对外贸易顺差，因为此举很容易引起与有关贸易伙伴国的摩擦。例如，美、日两国双边关系市场发生波动，主要原因之一就是日方长期处于巨额顺差状况。与此同时，大量外汇盈余通常会致使一国市场上本币投放量随之增长，因而很可能引起通货膨胀压力，不利于国民经济持续、健康发展。

2. 贸易逆差。

贸易逆差是指一国在特定年度内进口贸易总值大于出口总值，俗称

"入超"，反映该国当年在对外贸易中处于不利地位。同样，政府应当设法避免长期出现贸易逆差，因为大量逆差将致使国内资源外流，对外债务增加。这种状况同样会影响国民经济的正常运行。

3. 贸易平衡。

贸易平衡是指一国在特定年度内外贸进、出口总额基本上趋于平衡。

4. 人民币升值。

人民币升值用最通俗的话讲就是人民币的购买力增强。比如你以前用1美元能换8.27元人民币。人民币升值后1美元只能换8.02元人民币。

人民币升值会抑制我国出口，而我国的主要出口对象是美国，近几年美国属于贸易逆差。升值会减缓这种情况。相对而言，我国货币价值上升会刺激国外对我国的进口，从短期效应来看是有利的。毕竟在相同的货币价值下，老百姓能买的东西多了。但从长远看，不利于我国的经济发展。最明显的就体现在如上所说的进出口贸易方面。一般来说，一国政府在对外贸易中应设法保持进出口基本平衡，略有结余，这样才有利于国民经济健康发展。

5. 市盈率。

市盈率是投资者所必须掌握的一个重要财务指标，亦称本益比，是股票价格除以每股盈利的比率。市盈率反映了在每股盈利不变的情况下，当派息率为100%时及所得股息没有进行再投资的条件下，经过多少年我们的投资可以通过股息全部收回。一般情况下，一只股票市盈率越低，市价相对于股票的盈利能力越低，表明投资回收期越短，投资风险就越小，股票的投资价值就越大；反之则结论相反。

6. CPI。

CPI是居民消费价格指数的简称。居民消费价格指数，是一个反映居民家庭一般所购买的消费商品和服务价格水平变动情况的宏观经济指标。

它是度量一组代表性消费商品及服务项目的价格水平随时间而变动的相对数，是用来反映居民家庭购买消费商品及服务的价格水平的变动情况。

居民消费价格统计调查的是社会产品和服务项目的最终价格，一方面同人民群众的生活密切相关，同时在整个国民经济价格体系中也具有重要的地位。它是进行经济分析和决策、价格总水平监测和调控及国民经济核算的重要指标。其变动率在一定程度上反映了通货膨胀或紧缩的程度。

7. GDP。

GDP 国内生产总值的简称。是指在一定时期内（一个季度或一年），一个国家或地区的经济中所生产出的全部最终产品和劳务的价值，常被公认为衡量国家经济状况的最佳指标。它不但可反映一个国家的经济表现，还可以反映一国的国力与财富。

一国的 GDP 大幅增长，反映出该国经济发展蓬勃，国民收入增加，消费能力也随之增强。在这种情况下，该国中央银行将有可能提高利率，紧缩货币供应，国家经济表现良好及利率的上升会增加该国货币的吸引力。反过来说，如果一国的 GDP 出现负增长，显示该国经济处于衰退状态，消费能力减低。这时，该国中央银行将可能减息以刺激经济再度增长，利率下降加上经济表现不振，该国货币的吸引力也就随之降低了。因此，一般来说，高经济增长率会推动本国货币汇率的上涨，而低经济增长率则会造成该国货币汇率下跌。

8. IPO。

首次公开募股简称 IPO，是指一家企业或公司（股份有限公司或有限责任公司）第一次将它的股份向公众出售（首次公开发行，指股份公司首次向社会公众公开招股的发行方式）。通常，上市公司的股份是根据相应证券会出具的招股书或登记声明中约定的条款通过经纪商或做市商进行销售。一般来说，一旦首次公开上市完成后，这家公司就可以申请到证券交易所或报价系统挂牌交易。有限责任公司 IPO 之后会成为股份有限公司。

9. 恩格尔定律与恩格尔系数。

19 世纪德国统计学家恩格尔根据统计资料，从消费结构的变化中得出一个规律：一个家庭收入越少，家庭收入中（或总支出中）用来购买食物的支出所占的比例就越大，随着家庭收入的增加，家庭收入中（或总支出中）用来购买食物的支出则会下降。推而广之，一个国家越穷，每个国民的平均收入中（或平均支出中）用于购买食物的支出所占比例就越大，随着国家的富裕，这个比例呈下降趋势。

10. 互联网金融。

互联网金融是传统金融行业与互联网精神相结合的新兴领域。互联网金融与传统金融的区别不仅仅在于金融业务所采用的媒介不同，更重要的在于金融参与者深谙互联网"开放、平等、协作、分享"的精髓，通过互联网、移动互联网等工具，使得传统金融业务具备透明度更强、参与度更高、协作性更好、中间成本更低、操作上更便捷等一系列特征。理论上任何涉及广义金融的互联网应用，都应该是互联网金融，包括但是不限于为第三方支付、在线理财产品的销售、信用评价审核、金融中介、金融电子商务等模式。

11. 三次产业划分。

第一产业是指农、林、牧、渔业。

第二产业是指采矿业，制造业，电力、热力、燃气及水生产和供应业，建筑业。

第三产业即服务业，是指除第一产业、第二产业以外的其他行业。第三产业包括：批发和零售业，交通运输、仓储和邮政业，住宿和餐饮业，信息传输、软件和信息技术服务业，金融业，房地产业，租赁和商务服务业，科学研究和技术服务业，水利、环境和公共设施管理业，居民服务、修理和其他服务业，教育，卫生和社会工作，文化、体育和娱乐业，公共管理、社会保障和社会组织，国际组织，以及农、林、牧、渔业中的农、林、牧、渔服务业，采矿业中的开采辅助活动，制造业中的金属制品、机械和设备修理业。

12. 自贸区。

自贸区一般指自由贸易区，自由贸易区是指在贸易和投资等方面比世贸组织有关规定更加优惠的贸易安排。在主权国家或地区的关境以外，划出特定的区域，准许外国商品豁免关税自由进出。实质上是采取自由港政策的关税隔离区。狭义仅指提供区内加工出口所需原料等货物的进口豁免关税的地区，类似出口加工区。广义还包括自由港和转口贸易区。

13. 一带一路。

是"丝绸之路经济带"和"21世纪海上丝绸之路"的简称。"一带一路"不是一个实体和机制，而是合作发展的理念和倡议，是依靠中国与有关国家既有的双多边机制，借助既有的、行之有效的区域合作平台，旨在借用古代"丝绸之路"的历史符号，高举和平发展的旗帜，主动地发展与沿线国家的经济合作伙伴关系，共同打造政治互信、经济融合、文化包容的利益共同体、命运共同体和责任共同体。

孩子应该知道的 10 个金融词汇

如果有一门知识会对孩子的一生都产生影响，那就是个人理财了。不幸的是，家长们似乎不愿意教孩子这些东西。

"教孩子个人理财是如此重要，它是孩子们整个一生，实际上是每天都会用到的一门知识。但这门知识并没被真正教授过。"格雷格·默西特说道。因为大多数学校并不教理财，因此这个责任落在了父母身上。但很多父母也不愿触及这个主题，原因往往是他们觉得自己不能胜任这项工作，或者他们认为谈论钱财会让他们的孩子烦恼。一项研究表明，至少有72%的父母说不太情愿跟他们的孩子讨论财务话题。但这并不意味着他们

不想让孩子学习理财，91%的父母认为孩子们在学校学习财务知识比较合适，75%的父母表示应将个人理财知识列入毕业考核。另外，89%的老师

认为学生应上理财课或应通过相关能力测试才能毕业。但实际情况却很不乐观，这意味着父母需要负起这个责任，确保孩子至少要对基本的财务知识有个了解。

以下列出了专家认为每个孩子都应学习的金融词汇以及能够理解相关术语的年龄，并为父母提供了适用于该年龄的术语解释。

1. 储蓄（年龄：4 岁 +）

储蓄是最适合在孩子的低年龄阶段进行介绍的主题之一，它不仅能够轻松掌握，也利于孩子在早期就能接受储蓄思想。"储蓄意味着不要马上花光你所有的钱，而是把一部分钱存起来留待日后使用。"Francis Financial 公司首席执行官史黛西·弗兰西斯说道。

父母可以使用很多例子进行说明，例如：白天时给孩子两块糖，让他们马上吃掉一块，将另一块留到晚饭后再吃。一周中，每天都给他们两块糖，但让他们把其中一块存放在某个特定的地方。当一周结束时，他们会兴奋地发现已经攒了满满一袋糖。家长要告诉孩子，储蓄也是同样的道理，如果你经常存一点，就会积少成多。

2. 预算（年龄：8 岁）

预算是制订一项计划，对自己有多少钱以及钱将要花在哪里进行安排。很多父母教孩子如何做预算的一个好方法就是给他们三个罐子，分别装"用于捐赠的钱，存起来的钱和要花的钱"。每当孩子们拿到零花钱时，他们都把钱分成三份放进三个罐子里。"存钱罐"装的是用于较长期目标的钱，"开支罐"装的是可随时用于购买金额不大的物品的钱，"捐款罐"装的是将捐给慈善机构的钱。"捐款罐"尤其有助于培养孩子帮助他人的意识，同时可以让他们自由选择把钱捐往何处。

专家表示，让孩子参与家庭预算或是支出计划的制订，是非常不错的主意。让孩子为即将来临的假期制订一个支出计划，同时让他们了解家长是如何制订预算的。从小的任务开始，随着孩子的成长，让他们计算为了旅行、食物、住宿和娱乐，需要存多少钱。当度假时，让他们记录支出情况。

3. 贷款（年龄：8 岁＋）

贷款是借来的东西，往往指钱，需要偿还并附带利息。大多数小孩都会了解关于贷款的基本概念，是因为他们很可能曾经借给朋友或兄弟姐妹某样东西，并想着收回。从解释人们申请贷款的一些原因入手。例如，由于买房需要花好多钱，因此大部分人都会"借钱"（申请住房抵押贷款）来支付购房款。汽车贷款和学生贷款也是很适合讨论的题目，尤其是后者，未来将会申请学生贷款以支付学费的孩子更需要了解。虽然申请贷款并不是坏事，但父母需要强调的是，在你真正获得了贷款时，你有责任偿还贷款。

4. 债务（年龄：8 岁＋）

贷款和债务可放在一起进行解释。和贷款一样，债务也是你欠别人需要偿还的钱。同样，住房抵押贷款会是一个很好的例子，用于说明债务是如何产生的。专家说，父母应通过向孩子解释他们借了钱，举债来买房，并需要每月还一部分，来跟孩子们讨论他们自己的住房抵押贷款。专家补充说，向孩子们展示房贷对账单很重要，这样他们能看到每月的还贷金额以及利息。通过这种方式，孩子能了解与债务相关联的成本，并明白在还清欠款前是永远无法摆脱债务的。孩子们需要了解，一旦你有了债务，它在你还清前是不会消失的。

5. 利息（年龄：8 ~ 10 岁）

利息有两面：或者是你在还别人借你的钱时要付给别人，或者是你收回借别人的钱时别人付给你。打个比方，如果你姐姐花光了她的零花钱，但这个周末需要用钱，你可以借她 20 美元，但收她 2 美元利息，她需要在下周还你。这种情况下，你会获得利息。家长也可以用游戏的方式说明利息是如何产生的：要求从孩子的存钱罐中借一部分钱，然后制订一个时间表，在下个月还钱并支付利息。家长可以向年龄大一些的孩子解释你每月如何在还车贷或房贷时向银行支付利息。还要指出银行会对你存在它们那里的钱向你支付利息。

当孩子可以计算简单的百分数时，让他们做些数学题，了解如何将利息计算在内。给他们看收取 15% 利息的信用卡协议，让他们计算如果信用卡逾期欠款 5 000 或 10 000 元，与你立刻付清信用卡欠款相比，你需要额外支付多少钱。

6. 信用/信用卡（年龄：8～10 岁）

信用卡可以让你无需马上付钱就能购物。例如，如果你使用信用卡购买一辆售价 200 元的新自行车，这笔钱并不是来自于你的银行账户。相反，买自行车的钱由办理信用卡的银行支付。然后他们发给你一份账单，你需要还给他们 200 元。如果你没能在规定期限内还款，他们会向你额外收费，也就是利息。你还钱的时间拖得越久，最后你欠他们的钱就越多。孩子们需要了解，他们只应使用信用卡购买能马上还清欠款的物品。

如果家长和孩子们一起在商店购物，孩子忘记带钱，但非买某样玩具不可，家长可以先借钱给他，比如说10元。但是告诉孩子回家后必须马上还钱。如果孩子没能及时还钱，家长可以开始计算利息，直到孩子把钱还给你为止。

父母还应向孩子解释信用卡和储蓄卡的不同之处，当家长在商店购物刷储蓄卡时，需要向孩子们解释在你刷卡的一瞬间钱就直接从你的账户上扣掉了。

7. 税（年龄：10~12岁）

大多数孩子很可能知道这个词，但几乎没人理解税是什么。这里是对它的解释：税是支付给政府的费用，用于政府开展各项工作，例如改善学校和整修公路。税直接从薪水中扣除，每个人支付的税金取决于个人的薪资水平。

Henrickson Nauta Wealth Advisors 公司的投资总监杰夫·纳奥塔（Principal）表示："教会孩子们什么是税的一个好办法就是对他们的零用钱征税。"因此，每周不是交给孩子全额零花钱，而是从中扣掉一个百分比，把扣掉的这部分钱放到家庭存钱罐中，用于支付一家人的开支。"

8. 投资（年龄：10~12岁）

投资是你认为未来会给你赚到更多的钱（利润）从而投入的资金。McElhenny Sheffield Capital Management 的理财经理约翰·福勒（John Fowler）表示，他教他6岁的女儿了解什么是投资的方法是，每周让她从存钱罐中取钱，放到一个"投资账户"（它还有一个名字就是"爸爸文件柜里的盒子"）中。

福勒说，如果她往盒子里放10美元，她会额外赚1美元。"我们花了几个月的时间让她把钱放到文件柜里的盒子中。我在我的电话上设置了一条提醒，每周都会响，她每'投资'10美元，我就会在这个金额的基础上多给她1美元。我们按照这个时间期限计算她的收益，每周一次，用充满趣味的方式让她时时想起投资的概念。"

同时，家长应该让孩子知道，虽然人们进行投资是希望赚回更多的钱，但并不总是能如愿。这也就是为什么往一个存在风险的项目中投入全部资金并不一定是个好主意，因为你这么做了，如果投资失败，你会血本无归。

9. 股票（年龄：12 +）

股票就是公司的一份。在你拥有一家公司的一股股票后，你就拥有了其业务的一小部分。所有的股票都有价格，而价格有升有跌，这取决于公司的经营状况。

股票波动可以用孩子们最熟悉的公司为例为他们说明。比如，假设你以5美元买了苹果公司的一只股票，如果公司售出了大量手机，这对公司来说是件好事，那么它的股票有可能会涨到8美元，意味着你在股市的投资赚了3美元。相反，如果公司没能售出很多手机，股票跌至2美元，你就损失了3美元。大多数人都不会只持有一只股票，而是持有数万、数十万股。而且大多数人会同时持有几家不同公司的股票。"股市"就是人们买入和卖出，也就是交易股票的场所。股票交易可以在实体的交易所进行，也可以在网上进行。随着孩子们逐渐长大，学习有关股票的知识会尤其有趣。有很多在线股市游戏和应用，他们可以来创建虚拟股票投资组合，更好地了解股价的涨跌，预测如果他们投入真金白银，会赚或亏多少。

10. 信用分数（年龄：15 +）

Transition Planning 公司的总裁佩尔绍德指出，一旦家长计划教孩子使用信用卡，那就必须向他们说明什么是信用分数。以下是他的解释方式：征信所计算你的"信用分数"或你如何用钱，目标是获得很高的信用分数——即征信所更多的"赞"。获得更多"赞"的方法是你要在很长时间内都能按时支付各种账单。在你没有按时支付账单或债务过高时，你的信用分数就会降低。

重要的是，要告诉孩子，良好的信用分数在你未来想要贷款买房或买车时会非常有用。反之，糟糕的信用分数会让你很难获得贷款。

家长一定要避免的财商家教误区

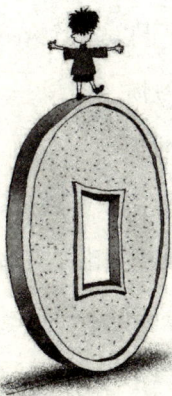

　　我国对青少年进行财商教育还处在起步阶段，学校一般都没有系统化的传授。现如今，越来越多的父母注意到财商教育的重要性，但家长在财商教育过程中很容易走向两个极端：特别重视和忽略不计。

　　目前，社会上出现了一些财商培训机构，训练所谓的"生钱之道"，其实，这种所谓的"财商教育"已经完全背离了真正的财商教育的本质。出现这种现象的原因，从根源上讲，就是大家对财商教育存在一定的误解，把财商教育简单理解为教导青少年如何挣大钱、发财致富的教育。因为成年人存在这种简单化的理解，导致很多家庭步入了财商教育的误区。

　　1. 树立正确的理财观，父母们首先要改变观念。

（1）再穷也不能穷了孩子。

即使经济能力一般，孩子的吃穿住行也必须达到"普遍水平"，包括高档玩具、无节制的快餐、买高科技学习用品、上贵族学校，等等——这几乎是家长们的共识。事实上，"成由俭、败由奢"的道理从来没有过时，在这个方面，比尔·盖茨的名言却是："再富也不能富了孩子。"

（2）给钱却不教如何花钱。

一项最新调查显示，我国绝大多数少年儿童有零花钱，但九成以上的孩子存在着乱消费、高消费、理财能力差的问题。事实上，学龄前儿童不宜给太多零花钱，入学阶段则可以适当给一些，同时，父母必须加以干预，帮助孩子建立良好的消费习惯。

（3）过度强调金钱的重要性。

过于强调金钱的重要，可能使孩子过分吝啬，或对金钱产生过度的占有欲，使孩子成为小小"守财奴"。比如有些孩子在家长不正确的引导下，对"压岁钱""红包"变得特别贪婪，甚至以获得金钱的数量来判断长辈对他们的爱，这势必会影响到孩子未来良好人格的形成。

2. 财商教育不等于理财教育。

财商是指一个人认识和驾驭金钱的能力，是理财的智慧，包括观念、知识、行为三个层次。观念是指对金钱、财富及对财富创造的认识和理解过程；知识是指投资创业必不可少的知识积累，包括会计知识、投资知识、法律知识；行为是观念的表现和载体，是观念和知识在自我与环境之间的协调和实施，突出表现为每个人的自我突破、自我激活、自我控制的素质和能力。这三者互为补充、互为支持，共同构成了动态的、发展的财商概念。

（1）要让孩子独立自主，树立为自己负责的财商态度。

父母要让孩子明白：没有什么是理所当然的，父母给你钱是因为爱你，要知道珍惜、懂得感恩。虽然父母的爱是无条件的，但是父母也需要你的爱，你要用爱来回报他们。

（2）让孩子摆脱物质的诱惑，享乐精神世界的快乐。

父母工作忙碌时，千万不要拿一些物质的东西来打发孩子，这实际上是在降低孩子的层次。让孩子脱离物质的世界，在学习文化、在与大自然的亲密接触中获得快乐和满足。让他们明白，物质只能带来短暂的快乐，只有心灵的快乐才是真正而恒久的。

3. 父母不要一味地在孩子面前"炫富"或"哭穷"。

（1）"我们没钱，买不起那些东西。"

父母一味地在孩子面前"哭穷"，可能会导致孩子一辈子的穷人心态。正确的教育方式是告诉孩子：我们会满足你合理的要求，但我们应该养成勤俭节约的好习惯，量力而为，不攀比，不冲动。

（2）"你不用管钱，好好读书就行了。"

父母认为只要读好书，将来有文凭就有社会地位，就不会发愁生存问题。为了让自己的子女用心读书，家长往往倾其所有为他们创造条件，不让他们为钱财分心，许多家长还错误地把金钱奖励和孩子的学习成绩、考试分数挂钩，只要孩子学习成绩好了，家长就大把地奖励钞票，而诸如对

金钱的正确认识、如何努力赚钱、科学理财等财商教育的内容，往往还是一片空白。在这种教育下，孩子会养成一种用金钱来衡量一切的习惯，这很容易导致孩子形成拜金主义思想，这种教育扭曲了孩子的人生观、价值观和世界观，带来许多不良影响。

（3）"我们都是为了你，我们的财产都是你的。"

这种说法使孩子觉得不用付出任何代价就可以得到他想要的，这些孩子很容易没有责任感，以自我为中心，完全跟父母的培养目标相反。

学会理财和科学消费，是青少年自立于社会必须掌握的基本技能。理财的艺术和技巧很多，进行"财商"教育时要格外慎重，千万不可弄巧成拙，适得其反。在财商教育中，还要注意以下几个问题：

1. 财商教育要和儿童、青少年的身心成长规律结合起来。

有些家长认为，孩子越早接受财商教育，也就越容易学会理财，其实不尽然。孩子的成长过程，也是分析问题和解决问题的能力在不断增强的过程，如果过早将一些不适合他们身心发展规律的知识教会他们，并允许实践，未必会有好的结果。从长远讲，一些错误观念很可能还会根深蒂固，影响孩子一生的价值取向。所以，财商教育只是孩子知识结构的一部分、生存能力的一方面。财商教育也要遵循教育规律，不可操之过急，以免拔苗助长。因此，分阶段确定财商教育的目标，根据孩子年龄特点分别由浅入深地进行引导，才能让孩子的财商健康发展。

2. 财商教育要和道德教育结合起来。

财商教育作为青少年素质教育必不可少的一个部分，在教育过程中必须坚持和社会主义人生观、价值观、世界观教育相结合，同时和社会市场经济建设和经济全球化的理念结合起来。强调创造财富能力的提高，但不陷入拜金主义；市场经济是法制化的经济，财商教育要树立孩子诚信和守法致富的观念；财富创造必须坚持以人为本，同时强调可持续发展的理念。把财商教育和道德教育结合起来，不使孩子的价值取向受到扭曲。同时，通过财商教育，培养孩子对父母的感恩之心，增强对家庭和社会的责任感，也会促进孩子学习动力的提高，使孩子智商、情商、财商同步发展，提高孩子的综合素质。

3. 加强财商教育，是社会发展的需要。

青少年是祖国的未来、民族的希望，作为高素质的劳动者，将来会成为市场经济建设和消费的主力军，从单纯的消费主休，转向既有消费功能又有投资功能的主体，未来，他们将面临就业、创业、投资、理财的全新挑战。联合国教科文组织在《学会生存》的报告中明确强调："应培养人的自我生存能力，促进人的个性全面和谐地发展，并把它作为当代教育的基本宗旨。"全社会重视和加强财商教育，既是社会发展的需要，也是每个孩子个人发展的需要，是现代素质教育不可或缺的重要组成部分。

财商教育不是为了培养金融家和理财高手，而是要从根本上培养孩子的一种思维方式，塑造孩子的金钱观、财富观和价值观，教导他们合理致富、理性消费。这需要在生活中一点一滴地用心引导，才能让孩子拥有良好的财商和幸福的人生。

每天学一点金融小知识： 金融危机

"爸爸，你帮我买那个最新款的赛车模型吧！"

"孩子，不行啊，现在正是金融危机，这些没必要的东西还是暂时不要买了吧！"

"金融危机是什么？"

"……"

荷兰一家电视台的少儿频道对 2400 名 9~14 岁的儿童进行了采访。其中，超过半数的受访儿童表示他们知道何谓金融危机以及它会对社会经济造成何种程度的不良影响，85% 的受访儿童认为"社会经济会变得越来越差"，75% 的儿童认为"股票会因此贬值"，超过 60% 的儿童提到"银行会变得不再有钱"。当记者问及"你认为金融危机何时才会结束？"时，多数孩子持有悲观的想法，超过一半的儿童认为此次金融危机将持续一年以上。

其实，孩子们懂得的比我们成人想象中的多得多，他们需要的只是交流的平台，需要专业的指导。在合适的引导下，孩子的理财能力与理财观念就能被激发起来。家长要培养孩子在经济上有责任感，首先是要以积极开放的态度，平等跟孩子进行交流。

所以，尝试与孩子聊聊这些话题吧：

金融风暴为什么比沙尘暴和龙卷风还厉害？

为什么全世界会有这么多国家遭殃？

金融风暴会影响到咱们吗？

爸爸妈妈的股票会不会继续缩水？

家里买的房子会不会贬值？

小伙伴们的零花钱和玩具会不会因此变得越来越少？

的确，随着大众传媒的发达，成人世界越来越早地进入儿童的生活。在我们向金融危机与政治、经济、社会、国际关系等重大问题投入大量精力的同时，可曾想过，这场占据全球媒体头条又对人们生活产生巨大影响的金融危机，在以怎样的姿态进入儿童的生活世界？

当金融危机席卷全球的时候，人们的生活都会受到不同程度的影响。不过，大多数孩子对此并不理解，在孩子的眼里，或许只是爸爸妈妈忽然有点"抠门"了，其实，这是培养孩子财商的一个契机，家长们可以借此机会，及时地给孩子上一堂生动的经济课，教给孩子一些金融小知识。

金融危机又称金融风暴，是指一个国家或几个国家与地区的全部或大部分金融指标（如：短期利率、货币资产、证券、房地产、土地价格、企业破产数和金融机构倒闭数）的急剧、短暂和超周期的恶化。其特征是人们基于经济未来将更加悲观的预期，整个区域内货币币值出现幅度较大的贬值，经济总量与经济规模出现较大的损失，经济增长受到打击。往往伴随着企业大量倒闭，失业率提高，社会普遍的经济萧条，甚至有时候伴随着社会动荡。

金融危机可以分为货币危机、债务危机、银行危机等类型。近年来金融危机呈现多种形式混合的趋势。

金融危机也直接冲击到个人的生活。通货膨胀、企业倒闭，经济困境降低了人们的支付能力，这不仅使得还不起房贷的人增多，也大大降低了许多人的生活质量。金融危机简单来讲对普通人的生活还有以下影响：

（1）更多企业会倒闭。特别是一些外贸企业，受国外金融危机影响，出口亏损，当企业资不抵债的时候，就会倒闭，而企业倒闭自然会殃及普通人的生活。

（2）企业掀起裁员潮。企业生意难做，就会想办法压缩成本，减少生产，就会裁减员工，而一个家庭如果有一位成员失业，就会影响到家庭日常生活。

（3）工作越来越难找。经济不景气，企业都在压缩成本，甚至裁员，所以毕业生找工作会更难。

（4）工资别想再提高。在全球金融危机中，加薪会逐渐变成很难的事情，人们的工资收入可能会降低，奖金会越来越少。所以家庭要注意减少开支了。

（5）百业萧条钱是宝。投资、消费、贸易都会变冷，人们会越来越重视现金。

（6）商品价格会下降。随着需求减少，各类商品价格会下降。

财商趣味测试： 你离财务自由还有多远

共20道题，选A得0分，选B得1分，选C得2分，选D得3分，选E得4分。

1. 你即将有14小时的飞行旅行，而包里只放得下一本书。你想从两本书中做选择，其中一本书是你最喜欢的作者的书，但他最近出版的书却令你相当失望。另有一本热门的畅销书，可除了畅销之外你对它一无所知。你会：

A. 选择畅销书

B. 选择你喜欢的作者的新书

2. 你去买正在上映的某知名电影的电影票，你要买 8 时 30 分的票，售票员却告诉你票已经卖完了，只剩下午和夜场的票。她还告诉你，8 时 45 分在小厅有一个新电影上映，不过你没有听过那部新电影的名字，你会：

A. 购买新电影的票

B. 买午夜场的票

3. 你去专卖店买衣服，看中一款上衣，但你喜欢的颜色缺货。导购告诉你，在其他连锁店肯定有，不过现在是打折季节，不能为你特别保留。你会：

A. 马上赶到另一家连锁店

B. 买下别的颜色

4. 下列哪件事会让你最开心：

A. 你在竞赛中赢了 10 万元。

B. 你从一个富有的亲戚那里继承了 10 万元。

C. 你冒着风险投资的 2000 元期权带来了 10 万元的收益。

D. 你很高兴 10 万元的收益，无论是通过什么渠道。

5. 你继承了叔叔价值 10 万的房子，尽管房子在一个时尚社区，并且预期会有升值，但是房子现在很破旧。目前，房子正在出租，每月有 1000 元的租金收入。如果房子重新装修后，可以租 1500 元。装修费可以用房子来抵押获得贷款。你会：

A. 卖掉房子

B 保持现有租约

C. 装修它，再出租

6. 你的一项投资，在一个月后跌了 15% 的总价值。假设该投资的其他任何基本要素没有改变，你会：

A. 坐等投资回到原有价值

B. 卖掉它，以免日后如果它不断跌价

C. 买入更多，因为现在应该看上去机会更好

7. 你在某个电视竞赛中有下列机会，你会选：

A. 1000 元现钞

B. 50% 的机会获得 4000 元

C. 20% 的机会获得 10 000 元

D. 5% 的机会获得 100 000 元

8. 专家估计一些资产，如金、珠宝、珍藏物和房屋的价格会上升，而债券的价格会下跌，但他们认为政府债券相对比较安全。如果你持有大量政府债券，你会：

A. 继续持有

B. 把债券卖掉，然后把得来的资金一半投资到货币市场，另一半投资到实质资产。

C. 把债券卖掉，然后把所有得来的资金投资到实质资产。

D. 把债券卖掉，除了把所有得来的资金投资到实质资产，并向别人借钱来投资实质资产。

9. 你的一项投资，在一个月后暴涨了 40%。假设你找不出更多的相关信息，你会：

A. 卖掉它

B. 继续持有它，期待未来可能更多的收益

C. 买入更多，也许它还会涨得更高

10. 你为一家私营的呈上升期的小型电子企业工作。公司在通过向员工出售股票募集资金。管理层计划将公司上市，但至少要在 4 年以后。如果你买股票，你的股票只能在公司股票公开交易后，方可卖出。同时，股票不分红。公司一旦上市，股票会以你购买价格的 10~20 倍交易。你会做多少投资：

A. 一股也不买

B. 一个月的薪水

C. 三个月的薪水

D. 六个月的薪水

11. 你选购电脑，选好品牌后，店员告诉你，如果你买展示用的电脑可以打八折，而全新的电脑是没有折扣的，你会：

A. 选择全新的电脑

B. 选择打八折的电脑

12. 以下四个投资选择，你个人比较喜欢：

A. 最好的情况下会赚取 200 元；最差的情况下损失 0

B. 最好的情况下会赚取 800 元；最差的情况下损失 200 元

C. 最好的情况下会赚取 2600 元；最差的情况下损失 800 元

D. 最好的情况下会赚取 4800 元；最差的情况下损失 2400 元

13. 你在一项博彩游戏中，已经输了 500 元。为了赢回 500 元，你准备的翻本钱是：

A. 不玩了，现在就放弃

B. 100 元

C. 250 元

D. 500 元

E. 超过 500 元

14. 如果你现在得到 1000 元的现金，并要求你选择以下其中一项：

A. 再额外多赚 500 元（即肯定得到 1500 元）

B. 50% 机会额外多赚 1000 元，50% 机会维持得到 1000 元现金

15. 假设你承继了百万遗产，你必须把所有遗产投资以下其中一项，你会选择：

A. 一个储蓄户口或货币市场基金

B. 一个拥有股票和债券的基金

C. 一个拥有十五只蓝筹股票的投资组合

D. 一些保值的投资产品，如金、银或石油

16. 如果你拥有 20 000 元并可投资，你会选择下列那一个组合？高风险投资包括期货和期权，中风险投资包括股票和股票基金，低风险投资包括债券和债券基金：

A. 低风险占 60%，中风险占 30%，高风险占 10%

B. 低风险占 30%，中风险占 40%，高风险占 30%

C. 低风险占 10%，中风险占 40%，高风险占 50%

17. 你比较愿意做下列那件事：

A. 投资于货币市场基金，但会目睹今后六个月激进增长型基金增长翻番

B. 投资于今后六个月不断上升的激进增长型基金

18. 假设你喜欢运用不同的理财工具，例如股票、基金或是期货来投资。当行情看涨时，你会利用借款来扩张你的额度吗？

A. 会

B. 有可能

C. 不会

19. "投资的亏损只是短期现象。有人认为：只要继续持有投资项目，终必可收复失地。"你同意这说法吗？

A. 非常同意

B. 可以接受

C. 倾向同意

D. 倾向不同意

E. 绝不同意

20. 若市价忽然下跌，你是否仍会继续持有该投资项目：

A. 肯定会

B. 极有可能会

C. 不肯定

D. 极有可能不会

E. 绝对不会

财商报告：

得分 0～15 分

建议您还是先不着急掌握家里的钱袋子，因为您的财商比较低，并且对自己没有信心。基本上您目前属于理财盲，您要学习的东西太多，而且投资对于您还是一个太遥远的概念，建议您还是先从最基本的东西开始着手，先搞清楚自己到底需要的是什么样的生活目标吧！

得分 15～30 分：

恭喜您已经初步意识到您的钱财需要打理，但您也需要多关注您的钱袋子，多看看周围的人是如何管理自己的资源的，在关注各种投资理财讯息的同时，加紧开发自己的财商，掌握各种理财工具，只有努力才能创造财富，您必须努力提高自己的财商。多参加各种财商训练营之类的活动，在专家的指导下，稳步实现你的财富增长。

得分30~35分：

您已经具有一定的理财能力，也经常独立地做出一些投资判断，但有些地方您可能还不太在意，如果您对您花出去的每一块钱都多一份关注的话，您会发现原来您可以做得更好！在学习理财知识的同时，虚心采纳专家的意见。富裕的生活离您不会太远！

得分35分以上：

您的理财能力非常强，财商很高。可以说，您懂得如何充分利用身边的资源使其发挥最大的作用。您的理财目的不是要在短期内兑现资金，所以您有很高的回报波动承受能力，主要看重追求长期的、高速的资金增值。您的财商已经足够您做出正确的投资决定了，基本上可以说，您是一个理财高手啦！

第五章

金钱是最好的仆人，也是最坏的主人：
    影响孩子一生的理财品质

品质一： 诚信， 理财中的首要品质

诚信的含义是诚实、守信用。"诚"是一种品格，"信"是一种评价。诚信是我们中华民族几千年来的优良传统，古人留有"以诚为本""莫失信于人"的古训，现如今我们的时代、社会、民众尤其需要这种讲求诚信的精神。

诚信是市场经济的灵魂，是每一个人的品格，也是每一个人立身、从业、赚钱的无价资产。"诚信"会时时刻刻出现在我们的生活、学习和工作中，也在时时刻刻考验着我们每个人的人格：如借钱、借物及时归还；

承诺的言语一定要兑现，等等。

当然，诚信是摸不着的东西，但它却比摸得着的东西更加重要！它是一个人最有说服力的"名片"，它会为你带来信任、友谊、地位、财富等，有诚信的人为人处世都给人一种安全感，使人信服。生活中，只有讲诚信的人才会广交益友；学习中，只有讲诚信的人，才会踏踏实实地不断进步；工作中，只有讲诚信的人才会事业有成。古代有句名言："君子一言，驷马难追"，讲的就是诚信。

1957 年，李嘉诚创立了长江工业有限公司，生产塑胶花、玩具等。有一天，李嘉诚在翻杂志的时候无意中看到一则消息：意大利一家公司利用塑胶原料制造塑胶花，正全面倾销欧美市场。他敏锐地意识到：塑胶花也会在香港流行。李嘉诚抓紧时机，亲自带人赴意大利塑胶厂去"学习"，在引入塑胶花生产技术的同时，还专门引入国外的管理方法。从意大利回来后，他把长江塑胶厂改名为长江工业有限公司，以便更好地争取海外买家的合约。但此时，工厂的资金十分不足，生产设备仍旧很简陋。生产规模也不能够按照计划那样扩大。正当李嘉诚无计可施之时，一个意想不到的机遇来了。有位欧洲的批发商，来长江公司看样品，他对长江公司生产的塑胶花赞不绝口："我们早就看好香港的塑胶花，品质、品种都处于世界先进水平，而价格却不到欧洲产品的一半。我是打定主意订购香港的塑胶花，并且还会大量订购。可是你们现在的规模，满足不了我的需求。李先生，我知道你的资金出现了问题，我可以先和你签合同，条件是必须有实力雄厚的公司或个人做担保。"

找谁担保呢？李嘉诚找遍了所有的亲戚、朋友和银行，没有人愿意为他担保。但是李嘉诚太想做成这笔生意了。李嘉诚最终未能找到担保人，他决定如实相告。

第二天，在香港一家酒店的咖啡厅里，李嘉诚和订货商面对面坐着。有那么几秒钟，他们都没有说话，而是沉默地品尝着咖啡。

接着，李嘉诚说，我虽然十分希望能与您合作，而且我能保证给您提供全香港最优惠的价格、最好的品质和最优的款式，并保证能按时交货。

但是，很遗憾，我找不到担保人。这些塑胶花的样品我可以送给你，希望我们下次有机会合作。

订货商说，你很坦诚，你的真诚和信用，就是最好的担保。

……

李嘉诚凭借良好的信用和真诚待人方式取得了外商的信任，使长江公司从此站稳了脚跟。为此李嘉诚认为：信誉是不可以用金钱估量的，它是生存和发展的法宝，是企业能否向前发展的关键。

人们常讲心诚则灵。有诚就有信，诚就是忠诚正直，言行一致，表里如一，遵守诺言、不虚伪欺诈，言必信，行必果。古人云，"以诚感人者，人亦以诚应之""巧伪不如拙诚"。诚信是做人的准则。有了诚信，我们的生活才显得真实；有了诚信，我们才能坦然地面对工作中的是是非非；有了诚信，人与人之间相处得才会更加和谐。

品质二： 节约， 成就未来的财富

　　很多家长总担心孩子不会管钱，怕孩子手里有钱就会挥霍无度，甚至会误入歧途，所以每次在谈论金钱话题的时候故意避开孩子，也很少让孩子自己拿钱买东西。这样导致的后果就是孩子对金钱完全没有概念，就知道张口要钱，不给就哭闹不止，给了就全部花光。

　　有些家长工作忙，没有时间照料孩子，总觉得亏欠孩子，只要孩子高兴，钱不是问题，从而导致出现了很多的"富二代"，这些孩子花钱大手大脚，还爱攀比。有个家长忧心忡忡地说，她的儿子才十几岁，竟然自己花 3000 多元压岁钱购买了名牌衣服和鞋，只是因为"觉得特有面子！"这些事让这位家长很快意识到再不开始引导孩子节约，很容易造成孩子爱慕虚荣、攀比、不劳而获的心态，对他将来的成长很不利。中国有一句古话叫作"豪门出败子"。基于金钱可能对孩子带来的伤害，当今世界的许多富人遵循"再富不能富孩子"的教育原则，宁愿将钱捐献给社会也不愿让孩子去挥霍。世界首富比尔盖茨曾经说过：当你有了1亿美元的时候，你就明白钱不过是一种符号，简直毫无意义。美国社交网络 Facebook 的创办人扎克伯格身家有430亿美元，财富并没有改变扎克伯格的习惯和风格，他最爱的着装还是 T 恤、帽衫和牛仔裤。扎克伯格开的车在美国的售价只有3万多美元。扎克伯格生于中产阶级家庭，吃穿有余，却也不是巨奢之家。这种美国传统中产阶级家庭氛围讲究平和、奋斗，这直接影响了扎克伯格的事业和人生。

　　美国第一夫人米歇尔最喜欢去的商店是美国大众型商店"塔吉特（target）"，这个商店中的产品价格算是低的，也都是些普通百姓可以消费得起的商品。还有一些富人和普通百姓一样，收集折扣券来购物。

　　许多富人特别是白手起家的富人都有着勤俭持家的习惯，即使积累了一定的财富之后，这些节俭的习惯依然保留甚至是作为"传家宝"传给下

一代。

在外人看来，潘石屹的两个孩子可算是含着金汤匙长大，是不折不扣的富二代，然而，潘石屹认为，过于优越的家庭环境对孩子的成长并非有利。潘石屹曾对两个儿子语重心长地说："孩子们，你们出生在富有的家庭，更需要在生活中学会节省。自己带盒饭，并不是吝啬，而是一种合理的节约。有时候，贫穷反而能成为将来的财富。"见孩子们不解，潘石屹干脆讲起了自己当年的故事："爸爸刚到海南创业的时候，没有钱住宾馆，晚上只能睡在沙滩上，可又担心衣裤被流浪汉偷走，每晚临睡前，我都先在沙滩上挖一个深坑，把衣裤埋进去，睡到上面压着才放心。第二天穿上衣服，身上的沙子都淅淅沥沥直往下掉。"

李嘉诚的儿子李泽巨、李泽楷同样也是含着"金汤匙"长大的，但是拥有巨富的李嘉诚毫不娇惯两个儿子，从小就让他们接受苦难教育，并且培养他们的理财意识，教导他们节俭。李嘉诚经常带儿子们去看外面的艰辛，比如，一同坐电车；看路边报摊的小女孩边卖报纸边温习功课那种苦学的态度。李嘉诚认为父母采取不同的教育方法，对下一代影响很大。

在积聚财富的过程中，拥有节俭的心态很重要，生活中避免乱花钱并将节省下来的钱用于投资或是储蓄，这是最基本的理财之道。根据统计，在美国的富裕人群中，74%的人在塔吉特购物，63%的人在家居用品店购物，而在所谓奢侈品 Luis Vouitton 购物的人比例为2%。在美国富裕人群中，71%的人每月使用纸质折扣券，54%的人每月使用网络上提供的折扣券来购物。

品质三： 理性， 看清风险， 不盲目跟风

　　储蓄和投资是贯穿我们一生的大事，奇怪的是，似乎从来没有人专门教我们如何理财。我们对投资的理解往往依靠口口相传，从我们认为技高一筹的人那里学习投资技巧。在我们幼年时，父母要抚养我们。当我们成人、成家之后，就需要开始储蓄，以备不时之需，如疾病、失业、子女教育、赡养双亲等，最终准备自己的养老。

　　人们过去经常以为，投资只是有钱人的游戏，与普通人无关，这实在是一种误解。

　　投资理财，简单地说就是低买高卖，或者是，高买，然后更高地卖。对普通人来说，难点在于，市场总是涨跌，何时应该买卖，又应该买卖什

么呢?

以股市为例,股市是容易凸显"羊群效应"的场所。上涨时,市场被乐观情绪包围,往往忽视风险的存在;下跌时,恐慌情绪相互传染,又会出现过度悲观。实话实说,对工薪阶层而言,拿闲钱炒股还可以,能赚就赚些,亏了也不至于伤筋动骨;赌上全部身家甚至借钱炒股风险甚大,实在要不得。

低买高卖对于投资者而言往往有着难以抵挡的诱惑力,著名投资集团的主席约翰·博格曾说过:"在我从事金融业这30年中,我从不知道有谁知道什么人是'长生不老'的,实际上,极力去把握市场节奏不仅不会使你的投资账户增值,相反还会带来负面影响。"这段话告诫大家理性在投资中的重要性。

金融市场的最大问题就是信息不对称,专业人士能够比零售客户更好地理解市场,往往也能赚取更多的回报。但如何进行投资选择呢?这需要一个人理性的决策。

第一,了解自己。投资是一个学习的过程。一开始,我们都是新手,逐渐地会变得有经验,直到成为专业的投资者。和所有的初学者一样,我们不可避免地会犯错,但是,我们不应该害怕错误,应该在错误中不断学习、成长。

了解自己是做好投资理财的基础。在做投资理财前,首先应该了解自己的理财目标,了解自己的风险承受能力和资金的使用情况,同时,还应该对自己过往的投资经验和教训进行一些总结。

要知道自己有多少钱可以用来投资。我们必须估计自己的净资产和现金流。只有在现金流允许的情况下,投资才有可行性。如果你每月的现金流只够日常开支,那么不建议投资高风险的资产,因为在急需现金时你将被迫出售你投资的资产，这是再糟糕不过的事。一般说来，在准备投资时，应该在身边或在银行保留有大约日常三个月开支的现金或存款以应付不时之需。

第二，定期检视。理财方案和资产配置不是说一旦制定了就再不用更改，随着时间的变化，我们的收入、目标和投资环境都在不断地发生着变化。没有永远只会上涨的投资。某一只股票或某一种资产今年的上涨并不意味着明年价格依然上扬。我们既要看微观上每一种资产的具体情况，也要看可能影响资产价格的宏观经济状况。所以，应该定期对理财方案进行检视，必要时应当进行适当的调整，只有这样才能保证理财方案是适合自己的。

第三，合理配置。资产配置就是根据自己的风险承受力选择不同产品的投资比例，在了解自己、了解产品的基础上，合理进行资产配置是获得投资理财成功的关键。其实，资产配置决策取决于你的年龄阶段和风险偏

好。通常，年轻人敢于冒险，老年人更喜欢低风险的产品。事实上，投资选择取决于四个关键因素，即流动性、久期、风险和收益。钱不多时，流

动性非常重要，因为一旦有不时之需，你立即可以从市场中收回现金。所谓久期，通俗地说，就是你要收回投资需要持有某种产品的时间。资产有久期，债务也有久期。至于风险和收益，则很难在两者中平衡，因为高预期收益往往伴随着高风险。

第四，了解产品。金融产品不断创新，可投资的产品越来越多，每种产品的风险和投资收益都不相同，只有对产品有一个全面的了解才能在投资中做出正确的选择。

在刀刀见血、非输即赢的投资理财领域，市场是非常残酷的。想要依靠投资理财实现资产保值增值，那就需要先打好理财基本功，学习基本的投资知识，做好充分的资产配置，规避自己无法承受的风险。特别是不能再跟风投资，要学会理性思维，这样才能成为理性的投资者，才能在投资市场笑到最后。

TIPS:

永远不要过于贪婪，进行超出你承受能力的投资。如果你还借钱进行投资，那么你就将自己置于双重风险之下。

品质四： 耐心， 日久才能生 "财"

有这样两句俗语：充满勇气的人往往会受到幸运女神的垂青；另一句是，有耐性等下去的人往往会得到最大的那只果子。其实这两句俗语用在财商教育上也是非常适合的，耐心这一品质在投资理财中如同金子一般宝贵。

有一个故事：一个中国人，一个犹太人，还有一个德国人，让他们三人寻找一枚掉在地毯上的细针。德国人先在地毯上划出方格，一个方格接一个方格地寻找，这个方法既笨且慢，但最后肯定能找到；犹太人先不急着寻找，而是先去找了一块吸铁石，然后再用它去吸寻那枚掉在地毯上的细针；中国人上来就趴在地毯上拼命找，总希望一下就能找到。

我们身边的很多投资者也像故事里的中国人找针，像无头苍蝇一样，东一头西一头地乱撞，不去思考方法，而是不停地变换投资方式，总是盼望自己哪天能撞上大运，结果是一无所获。

投资理财有没有制胜之道呢？专家指出：千万不要迷信什么"捷径"，投资理财要有耐心，日久才能生"财"。

很多人的投资理财失败，往往输在过于功利，期望在短期内获得高收益，在这种心思下，他们在做投资决策时，呈现出不理智的特点，忽视甚至无视风险。收益越高，风险越大，就像是裹着糖衣的炮弹，随时可能让你损失惨重。

稳健收益才能长久。之所以这样说是因为，很简单，如果在一次高风险的投资活动中，你赚了，但是你能保证下一次也能赚吗？显然没有人永远是赢家，如果下一次失败了，就可能把之前赚的全部吐出来，甚至还要把老本搭进去。这就像赌博一样，只要你还在玩，就无法确定是否能笑到最后。所以，那些看中短期收益的人都是鼠目寸光，只顾眼前。

相反，稳健的收益虽然看上去不多，但足够安全可靠，会保证你有源源不断的收益。有一种复利的投资，会让你的钱像雪球一样越滚越大，越到后面收益越可观。有人计算，如果用 10 万元投资，每年保持 30% 的收益率，17 年零 7 个月之后，你就是千万富翁了，可见复利的威力。当然，事实上，我们无法保证每年都有 30% 的收益，但如果年均达到 10% 的计算，17 年后也是一笔巨款了。有句古话叫"千年的王八，万年的龟"。兔子跑得快，但是它只能活三年，乌龟爬得慢，但是它可以活千年、万年，它会一直爬下去，遇到风险头缩回来，没有风险再爬下去。投资理财也是这个道理，日久才能生"财"。

"买入之前怎么看怎么觉得这只股票好，等一咬牙买进之后，只见别人股票涨，它却像只死猪趴在那就是不动，等我再一咬牙把它折腾出去之后，过两天回过头来再看它，人家扔下我后，股价一飞冲天，害得我想追也不敢追，只能看着它越涨越高……"有一股友道出了她在股市投资时遇到的烦恼。

"股神"巴菲特曾说："很多人希望很快发财致富，我不懂怎样才能尽快赚钱，我只知道随着时日增长赚到钱。"这些观点都说明投资理财不是"投机"，理财是长期的事情，甚至是一辈子的事情。理财需要的是一份坚持，而不是一次"冲动"。如果你在股市里经常换手，那么很有可能会错失良机。巴菲特的原则是：不要频频换手，直到有好的投资对象才出手。

巴菲特常引用传奇棒球击球手特德·威廉斯的话："要做一个好的击球手，你必须有好球可打。"如果没有好的投资对象，那么他宁可持有现金。

理财是一个"马拉松竞赛"而非"百米冲刺"，比的是长时间的耐力而非短时间的爆发力，时间能让一个看似平常的收益率，经过长期的积累与坚持，呈现出惊人的数量。或许每个成功的投资者都有自己的秘诀，但是，这些成功都有一个共同点，那就是时间，长时间坚持、持续累积，才是"炼金术"中最大的秘密。

TIPS:

如果你不会休息，你也不会好好工作；如果你不会等待，你也抓不住财富的尾巴。

💡 品质五： 眼光， 放远眼光， 预测未来

在西方历史记载中，最早因有眼光而赚得大钱的恐怕就是古希腊的哲学家泰勒斯了。据亚里士多德的《政治学》记载，泰勒斯因为精通天象，有年冬天发现来年橄榄要丰收，就提前租了许多榨橄榄油的榨油器，来年又租出去，赚了一大笔钱。"泰勒斯眼光"也因此而名垂青史。

在斯坦福大学的课堂上，教授做了这样一个小测试：他把班上的学生分成了 14 个小组，分给每组 5 美元作为启动资金，让学生们拿着这笔启动资金去赚更多的钱，并且他们只有四天的筹划时间。学生们一旦打开了启动资金的信封，就代表任务已经开始。每支队伍只能在 2 个小时内，赚尽

量多的钱。到周日的晚上学生就要把他们的赚钱成果整理成文档发给教授，并在周一早上用3分钟的时间向全班同学展示自己的成果。

这个测试对涉世不深的高智商学生来说绝对是挑战。老师第一次公布测试规则时，讲台下传来了这样的回答，"拿这5美元去拉斯维加斯赌一把！""拿这5美元去买彩票！"……当然，这只能引起哄堂大笑。还有些同学说拿着这5美元买一些工具，开始帮别人擦洗车子等，但是这并不是最好的赚钱方式。

最后，挣到最多钱的几组学生丝毫没有用教授提供给他们的这笔启动资金。这几组学生意识到，如果把眼光局限在这5美元上，将会减少赚钱的可能性。他们意识到5美元基本上等于什么都没有，还不如白手起家。

排在前几名的队伍开始努力观察身边，找出了人们一些潜在的需求，通过发现这些需求，并尝试去解决。他们在短短2个小时之内赚到的钱超过600美金，与5美元比，平均回报率竟然高达4000%。

第一组学生发现每周六晚上某些餐馆门口总会排起长长的队伍。这组同学先把餐馆的座位预定了下来，然后在周六临近的时候将每个座位提高20美元出售给了那些不想等待的顾客。

第二组学生在学生会旁边支了一个小摊，帮组经过的同学测量他们的自行车轮胎气压。如果压力不足的话，可以花1美元在他们的摊点充气。这个点子简单易行，而且大部分人都乐于体验，还对他们所提供的服务都表示了感谢。

第三组学生认为他们最宝贵的资源既不是5美元，也不是2个小时的赚钱时间，而是周一课堂上的3分钟展示。因为斯坦福大学是一所世界名校，有多少学生挤破了头想进，就有多少公司也挤破头想在里面招人。这个团队把课上做展示的3分钟时间卖给了一个公司，并为他们打出了一个招聘广告。就这样，他们用3分钟赚了650美元。

也许有人会这样想："会理财不如会挣钱。我收入高，不会理财也无所谓。"可是要知道，金钱的本质在于流动，钱是不能休眠的，资金只能在流通中才能不断实现保值和增值。投资失误是损失，资金停止不动也是损失。

理财需要有一个长远的眼光，不仅要理好眼前的财，而且还要照顾好长远的财，这才是最佳的理财之道。目光短浅者，往往只能为现在奔波，大多承受不了太多的"变数"和"突发事件"；相反，目光长远者，不仅能发现别人看不见的赚钱方式，还能找到别人没有意识到的资源，并把它包装出最大的价值。

一个记者曾问世界首富比尔·盖茨："你为什么能成为世界首富？"比尔·盖茨说了三点：超前的眼光——小生意看眼前，大生意看未来；机会——用你超前的眼光抓住一个千载难逢的机会；行动——立刻付出积极的行动。这就是成为百万、千万、亿万富翁的秘密。

TIPS:

理财能力跟挣钱能力往往是相辅相成的，一个有着高收入的人应该有更好的理财方法来打理自己的财产，进一步提高自己的生活水平，或者说为了自己的下一个"挑战目标"而积蓄力量。

每天学一点金融小知识： 存款保险制度

1. 什么是存款保险？

存款保险又称存款保障，是指国家通过立法的形式，设立专门的存款保险基金，明确当个别金融机构经营出现问题时，依照规定对存款人进行及时偿付，保障存款人权益。

2. 保障范围是什么？

根据存款保险条例，存款保险覆盖所有吸收存款的银行业金融机构，包括在我国境内设立的商业银行、农村合作银行、农村信用合作社等。被保险存款包括投保机构吸收的人民币存款和外币存款。但是，金融机构同业存款、投保机构的高级管理人员在本投保机构的存款以及存款保险基金管理机构规定不予保险的其他存款除外。

3. 偿付限额是多少？

根据存款保险条例，存款保险实行限额偿付，最高偿付限额为人民币50 万元。同一存款人在同一家投保机构所有被保险存款账户的存款本金和利息合并计算的资金数额在最高偿付限额以内的，实行全额偿付；超出最高偿付限额的部分，依法从投保机构清算财产中受偿。

4. 存款人需要交纳保费吗？

不需要。存款保险作为国家金融安全网的一部分，其资金来源主要是金融机构按规定交纳的保费。收取保费的主要目的是为了加强对金融机构的市场约束，促使银行审慎经营和健康发展。

5. 什么情况下进行偿付？

根据存款保险条例，当出现下列情形时，存款人有权要求存款保险基金管理机构使用存款保险基金偿付被保险存款：存款保险基金管理机构担任投保机构的接管组织；存款保险基金管理机构实施被撤销投保机构的清算；人民法院裁定受理对投保机构的破产申请；经国务院批准的其他情形。为了保障偿付的及时性，充分保护存款人的权益，条例规定，存款保险基金管理机构应当在上述情形发生之日起 7 个工作日内足额偿付存款。

6. 存款保险基金怎么管理？

根据国务院批复，存款保险基金由中国人民银行设立专门账户，分账管理，单独核算，管理工作由中国人民银行承担。为保障存款保险基金的安全，条例规定，存款保险基金的运用遵循安全、流动、保值增值的原则，限于存放中国人民银行，投资政府债券、中央银行票据、信用等级较高的金融债券及其他高等级债券，以及国务院批准的其他资金运用形式。

7. 什么时候开始实施？

存款保险条例从 2015 年 5 月 1 日起施行。

财商趣味测试： 钱对你很重要吗

1. 认为购物比任何事都有趣。

A. YES（跳到 2）　　B. NO（跳到 3）

2. 如果可以得到一笔巨款，你想要：

A. 一次领到 1000 万（跳到 4）　　B. 每个月领 15 万，一共领 10 年
（跳到 3）

3. 你是属于会在日常生活中寻求刺激的人么？

A. 是（跳到 6）　　B. 不是（跳到 5）

4. 你想要住的是：

A. 市中心豪华大楼（跳到5）　　B. 郊外别致的小木屋（跳到8）

5. 假期大多时间会窝在家里。

A. 是（跳到7）　　B. 不是（跳到6）

6. K 歌时，拿话筒的手势：

A. 握着话筒的上方（跳到8）　　B. 握着话筒的下方（跳到7）

7. 听到商场打折信息就会失去理性？

A. 是（跳到11）　　B. 不是（跳到9）

8. 着火了，你会携带那一样物品跟着你逃命？

A. 衣服（跳到9）　　B. 相册（跳到10）

9. 你喜欢的房子设计风格是：

A. 中式（跳到10）　　B. 西式（跳到11）

10. 你经常会思考关于自己年老以后的事吗？

A. 是（C 型）　　B. 不是（A 型）

11. 你一般会采取哪一种等车的姿势？

A. 找一面墙靠着（A 型）　　B. 把手插在口袋里（B 型）

财商报告：

A 型：不管明天的"败家女"。

你的金钱观是"钱是花的，不是存的"。对于自己想要的东西，你一定是非买不可。你很重视物品的质感、品质，所买的东西，一定是好的。但由于过分地追求物质，难免会有一点虚荣心，容易发生浪费现象。所以，你需要克服浪费的坏习惯，如此才能有财运。

B 型：善于理财的"小富婆"。

你的金钱观是"当用则用，当省则省"。你是个很有经济头脑的人，常能想出一些能创业的点子。你表面上看起来似乎不大节俭的样子，却会不知不觉地存上一笔钱。你对于金钱的运用很有条理，也极有理智，属于不追求虚荣的实用主义者。

C 型：只知守财的"小气鬼"。

你生性老实，个性稳重，知道钱财的宝贵，所以你绝不会奢侈浪费，对于娱乐之事也缺乏兴趣。你在金钱方面很小心，就算有喜欢的东西，也要慎重地考虑钱的问题。这一类型的人大都有自己的秘密存折，并以存款金额的增加为乐事。

第六章

受益终生的理财小故事

悬崖下的狼： 警惕消费陷阱

在很高的悬崖上，有两只小羊在那儿玩。悬崖下面有只饥肠辘辘的狼，突然眼睛往上瞧。狼环视附近，这么高的悬崖，不管从什么地方都爬不上去。

因此，狼用温柔而低沉的声音对羊说："可爱的小羊们呀！在那种地方玩很危险，快下来呀！下面长了许多柔嫩好吃的草喔！"

小羊因为常听到关于狼的故事，对狼说："狼伯伯，谢谢你的好意，

但是，我们下不去。如果我们下去了，吃到嫩草之前，可能就被您给吃掉了！"

"什么！可恶的小羊！"狼非常生气地说。

打折、让利、返券……很多司空见惯的促销实际上都像故事中"狼的示好"，暗藏"陷阱"，更可能涉嫌价格欺诈。有关人员介绍了六个常见的消费陷阱，提醒消费者不要被"优惠"诱惑反而多花钱。

陷阱一：全场五折后面藏个"起"字

在一些打折促销的信息中，经常含有欺骗性或误导性的语言、文字、图片等，还有一些利用模糊的计量单位等标价方式吸引消费者。

徐小姐最喜欢搜罗各类打折信息，只要遇到商场促销打折，就会血拼一次，乍一看，如此精打细算可以省下不少钱，实则不然。徐小姐说，商场的巨幅打折海报上，经常印制着"全场三折、五折"字样，一看见这样的超低折扣，自己就按捺不住了，往往会忽略折扣后面跟着的那个芝麻大小的"起"字。徐小姐还发现，商场全场打折时的最低折扣商品不是已经售完，就是让人瞧不上眼。

几乎所有商场的海报都由这些诱人消费的元素构成，要么是全场超低折扣，要么是计量单位由500克变成250克，要么是又干又烂的特价水果被画成丰满水灵的样子……这些现象都属于模糊标价，面对这种模糊标价的方式，消费者一定要多留心，不要被误导，要把眼光放在商品上，别让海报迷了眼，商品的原价才是参考的重要依据。

陷阱二：免费美容其实不免费

　　赠送免费的消费卡或者体验券，把"免费"当成诱饵，诱使消费者进店，只要消费者进了店，想不消费都难。

　　李女士上街给外孙买尿不湿，出了超市，有一个姑娘热情地递给她一张美容卡。"阿姨，免费体验，您试试吧？"看看时间还早，李女士便进了美容院的单间。躺在美容床上，李女士还暗自高兴呢，好事儿被自己遇上了。美容开始了，姑娘拿出一张湿巾说："这是美容专用的湿巾，需要用

它为您洗脸，精华油是免费的，湿巾是收费的，5元钱。"李女士有点儿不高兴，但是看了看免费卡上"599元天然植物精华"的字样，觉得花5元钱也行。洗了脸之后，也不问李女士是否同意，姑娘又给李女士喷了一层雾水，一边喷一边说："这是促进精华吸收的，只收您成本价20元。"觉得自己已经用了，李女士虽不情愿，也不好意思说什么了。如此几个环节下来，李女士一共消费了600多元。从没做过美容的李女士拿着两个没有中国字儿的瓶子不知如何处置。

　　大街上，随处可见有人拿着免费卡或券到处赠送，有的是免费美容，有的是免费美发，有的是免费保健……天下没有免费的午餐，一旦消费者拿了"鱼饵"，想不上钩都难。所以，消费者一定要选择合理的打折方式，

如：团购、官网优惠券下载等，千万不要轻信路边散发的免费传单。

陷阱三：买一送一成买大送小

很多商家在促销的时候，只标注"买一送一"或者价值多少的大礼包，不标注实际馈赠的物品名称、数量和价格，浑水摸鱼。而且馈赠物品还有可能是假冒伪劣商品。

去年5月，小林正准备买一台微波炉，他发现一家商城正在搞"买一送一"活动，就邀请了一位也要买微波炉的朋友一起去。他们想买两千元钱左右的微波炉，因为"买一送一"，小林和朋友每人拿了一千元就出发了。结果到现场才知道，买一台微波炉赠送一套餐具，商城解释说"买一送一"并不是买什么送什么，这让小林十分愤怒，也尴尬不已。

"买一送一"其实是买大送小，这种钻空子的手段在商场中屡见不鲜，很多消费者已经"久病成医"，对此免疫了。消费者在花钱之前，一定要向商家了解优惠部分的相关规则，做到明明白白消费。

陷阱四：返券根本花不出去

很多人在购物后都收到过商家赠送的返利券，但使用这种返券的前提是购物要达到一定的金额。商场提供的此类返券或者积分换购等优惠看似诱人，实则暗藏种种隐蔽条件，这些附加条件非常苛刻，致使消费者有券难用。

刘大爷在某商场参加了买满1000元返200元代金券的活动，从一楼到四楼走了好几趟，终于拿到了200元代金券。回家后仔细一看，才发现代金券上指定了一周之内消费，还要去指定的家纺和珠宝柜台，可刘大爷根本就用不上这些东西。

这些关于消费时间和指定柜台商户的苛刻条款都标注在返券上的隐蔽位置。消费者如果想参加返券、换积分等活动时，一定要提前向商家问清楚打折的详细规则，不要盲目凑单。

陷阱五：结了账，"优惠"就没了

消费者在购买商品之前，商家往往有关于商品价格、赠品等方面的承诺，有了这些赠品，消费者就会觉得物超所值，但是到了兑现时，商家却以种种借口推诿、不履行。

苏先生想买一台笔记本电脑，一家商店在显眼处贴着买任意一款笔记本电脑即赠送名牌无线键鼠和音响的海报。苏先生在这家店买了电脑，付钱之后，服务员却说赠品已经赠完了。多次交涉后，苏先生和商家达成协议，先使用商品，赠品到货后再来取，可如今已过了半年，他还没拿到赠品。

遇到大赠送等"优惠"时，消费者一定要在购买物品前问清楚优惠政策的兑现条件和赠品的剩余情况。防止商家使用"售前承诺售后反悔"的欺诈手段"欺负"消费者。

陷阱六："全市最低价"无法认定

"全市最低价""出厂价"等促销广告无论在哪里打出都很震撼，让人心动不已，殊不知，商家承诺的这个最低价根本就无从比较，认定很有难度。

某商场搞运动品牌促销活动，一款鞋的标价称全市最低价，王老师给儿子买了4双。他兴奋不已地拿回家给儿子看，儿子得知价格后说："什么最低价啊，我同学昨天刚刚在别的商场买的，比这个便宜30多块呢！"王老师去退货，结果被告知打折商品不退不换。

"全市最低价"是怎么比较出来的呢？就算销售员能解释明白，消费者也不好找证据证明所买的东西真是最低价。不能提供凭据就无从比较，这种价格欺诈行为实为商家的夸大宣传，不足为信。根据现行法律法规，利用虚假或者使人误解的价格手段，诱骗消费者或者其他经营者与其进行交易的，不仅要没收违法所得，而且最高可处50万元罚款；情节严重的还应责令停业整顿或者由工商行政管理机关吊销营业执照。

汤石： 合作共赢

　　有一个魔术师的人来到一个小村庄，他跟村子里的人说："我有一颗汤石，如果将他放入烧开的水中，会立刻变出美味的汤来，我现在就煮给大家喝。"

　　这时，有人找来了一口大锅，也有人提了一桶水，并且架上炉子和木材，就在一片空地上煮了起来。

　　魔术师很小心地把汤石放入滚烫的锅中，然后用汤匙尝了一口，很兴奋地说："太美味了，如果再加入一点洋葱就更好了。"立刻有人冲回家拿了一推洋葱。

　　魔术师又尝了一口："太棒了，如果再放些肉片就更香了。"又有一个

173

妇人快速回家端了一盘肉来。

"再有一些蔬菜就完美无缺了。"魔术师又建议道。在魔术师的指挥下，有人拿了盐，有人拿了酱油，也有人捧了其他材料来……

当大家一人一碗蹲在那里享用美味的汤时，他们发现这真是天底下最好喝的汤。

其实，所谓的"汤石"不过是魔术师在路边随手捡到的一颗石头。其实，只要我们愿意，每个人都可以煮出一锅如此美味的汤。

这个故事告诉了我们一个简单的经济现象：随着社会的发展，人们的分工越来越细，一个人不可能把什么事情都做了，作为社会的一分子，只有相互合作才能产生最大的效率。

💡 老鼠的商议： 执行力

"最近，几乎每天晚上都有同伴被猫吃掉！大家想想办法来对付那只猫吧！"有天晚上，老鼠们这样商议着。

"当然有。我有个好主意！我们把铃铛挂在猫的脖子上就行了。"

"对呀！这样，只要铃铛一响，我们就知道是猫来了。"

"真是个好主意！"老鼠们非常高兴，一致表示赞成。

只要在猫的脖子上挂上铃铛，老鼠们就不必再担心了。可是，要由谁去给可怕的猫挂上铃铛呢？

"喔！我怕，我不要！"

"我也不行!"

……

最后，这个好办法并没有执行。

这个故事告诉我们：做事情不仅要有好的点子，还要考虑到可操作性，切实可行才是更重要的因素。

🔆 地狱与天堂： 工作的意义

在古老的欧洲，有一个人死后，发现自己来到一个美妙而又能享受一切的地方。他刚踏上那片乐土，就有个侍者模样的人走过来问他："先生，您有什么需要吗？在这里您可以拥有一切您想要的——所有的美味佳肴，所有可能的娱乐以及各式各样的消遣，都可以让您尽情享受。"

这个人听了以后，感到有些惊奇，但非常高兴，他暗自窃喜：这不正是我在人世间的梦想嘛！从此，他天天都在品尝佳肴美食，享受各种娱乐。突然有一天，他对这一切厌烦了，于是他就对侍者说："我对这一切感到很厌烦，我需要做一些事情。你可以给我找一份工作做吗？"

他没想到，侍者摇摇头："很抱歉，先生，这是我们这里唯一不能为您做的，这里没有工作可以给您。"

这个人非常沮丧，愤怒地挥动着手说："这真是太糟糕了！那我干脆就留在地狱好了！"

"您以为，您在什么地方呢？"那位侍者温和地说。

这则寓言告诉我们：失去了工作就等于失去了快乐。工作是所有生意的基础，所有繁荣的来源；工作使年轻人奋发有为；工作是增添生命味道的食盐，但人们必须先爱它，工作才能给予人们最大的满足。令人遗憾的是，有些人却要在失业之后，才能体会到这一点。如果你视工作为一种乐趣，人生就是天堂；如果你视工作为一种义务，人生就是地狱。

一枚硬币：　财富是一点一滴的积累

有两个年轻人一同去寻找工作，其中一个是英国人，另一个是犹太人。

他们怀着成功的愿望，寻找适合自己发展的机会。

有一天，他们走在街上，同时看到有一枚硬币躺在地上。英国青年看也不看就走了过去，犹太青年却激动地将它捡了起来。

英国青年对犹太青年的举动露出鄙夷之色：一枚硬币也捡，真没出息！

犹太青年望着远去的英国青年心中不免有些遗憾：让钱白白地从身边溜走，真没出息！

后来，两个人同时进了一家公司。公司很小，工作很累，工资很低，英国青年不屑一顾地走了，而犹太青年却高兴地留了下来。

两年后，两人又在街上相遇，犹太青年已成了老板，而英国青年还在寻找工作。

英国青年对此不可理解，说："你这么没出息的人怎么能这么快地发了财呢？"犹太青年说："因为我不会像你那样绅士般地从一枚硬币旁边走过去，我会珍惜每一分钱，你连一枚硬币都不要，怎么会发财呢？"

财富的取得不是靠凭空瞎想，它是靠平时一点一滴的积累获得的。

金币就在你家后院： 财富就在你的身边

一个开罗人整天梦想着发财，一天夜里，他梦见神对他说："想发财，你就得去伊斯法罕，在那里能找到金币。"

"天哪！伊斯法罕远在波斯啊，必须穿越阿拉伯半岛，经波斯湾，再攀上扎格罗斯山，才能到达那山巅之城。可能还没到那里我就客死他乡了。到底去不去呢？"开罗人想，"但是，如果不去，这辈子恐怕难以发财了。"最后他还是决定前行。

开罗人千里跋涉，历经了许多艰难险阻，风尘仆仆地到达了"山巅之城"伊斯法罕。但是结果令他大失所望，当地兵荒马乱，连他随身带的一点值钱的东西也被土匪抢走了。还是一位当地人救了他。

"听口音，你不是本地人？"救命恩人问他。

"我从开罗来。"开罗人气息奄奄地说。

"什么？开罗？你从那么远、那么富有的城市，到我们这鸟不生蛋的伊斯法罕来干什么？"

"因为我梦见神给我启示，到这里来可以找到成千上万的金币。"开罗人坦白地说。

那人大笑了起来："真是个笑话，我还经常做梦，我在开罗有个房子，

181

后面有七棵无花果树和一个日晷，日晷旁边有个水池，池底藏着好多金币呢！回到开罗去吧，别做白日梦了。"

开罗人衣衫褴褛、一无所有地回到了开罗，但是，没过多久，他就变成了开罗最有钱的人。

因为那位伊斯法罕人所说的七棵无花果树和水池，正在他家的后院。而他在水池底下，真的挖出了成千上万的金币。

有人说，开罗人白去了一趟伊斯法罕，因为金币就在自己家后院。但是如果他没去伊斯法罕，也许永远不会知道这个结果。

任何一个意外的发现，都很难逾越一段艰苦甚至漫长的寻找过程。当然，没有了过程，你的发现也很难是"金币"。

一张罚单： 浪费的代价

德国是个工业化程度很高的国家，说到奔驰，宝马，西门子，博世……几乎没有人不知道，在这样一个发达的国家，人们的生活一定是纸醉金迷、灯红酒绿吧？

下面是一个去德国考察的中国人真实经历的一件事。

在去德国考察前，我们在描绘着、揣摩着这个国度。到达港口城市汉堡之时，我们习惯先去餐馆，公派的驻地同事免不了要为我们接风洗尘。

走进餐馆，我们一行穿过桌多人少的中餐馆大厅，心里犯疑惑：这样冷清的场面，饭店能开下去吗？更可笑的是一对用餐情侣的桌子上，只摆有一个碟子，里面只放着两种菜，两罐啤酒，如此简单，是否影响他们的甜蜜聚会？如果是男士买单，是否太小气，他不怕女友跑掉？

另外一桌是几位老太太在悠闲地用餐，每道菜上桌后，服务生很快给她们分掉，然后被她们吃光。

我们不再过多注意她们，而是盼着自己的大餐快点上来。驻地的同事看到大家饥饿的样子，就多点了些菜，大家也不推让，大有"宰"驻地同事的意思。

餐馆客人不多，上菜很快，我们的桌子很快被碟碗堆满，看来，今天我们是这里的"大富豪"了。

狼吞虎咽之后，还有三分之一的菜没有吃掉，剩在桌面上。结完账，大家歪歪扭扭地出了餐馆大门。

出门没走几步，餐馆里有人在叫我们。不知是怎么回事：是否谁的东西落下了？我们都好奇地回头去看看。原来是那几个老太太，在和饭店老板叽里呱啦说着什么，好像是针对我们的。

看到我们都过来了，老太太改说英文，她说我们剩的菜太多，太浪费了。我们觉得好笑，这老太太多管闲事！"我们花钱买单，剩多少，关别人什么事？"同事阿桂当时站出来，想和老太太练练口语。听到阿桂这样一说，老太太更生气了，为首的老太太立马掏出手机，拨打着什么电话。

一会儿，一个穿制服的人开车来了，称是社会保障机构的工作人员。问完情况后，这位工作人员居然拿出罚单，开出 50 马克的罚款。这下我们都不吭气了，驻地的同事只好拿出 50 马克，并一再地说："对不起！"

这位工作人员收下马克，郑重地对我们说："需要吃多少，就点多少！钱是你自己的，但资源是全社会的，世界上有很多人还缺少资源，你们不能够也没有理由浪费！"

如果是你，是否认同这句话？是否会惭愧脸红？一个富有的国家里，人们还有这种意识。我们得好好反思。

我们真的需要改变我们的一些习惯了，并且还要树立"大社会"的意识，再也不能"穷大方"了。

涂成黄金的大石头： 资金要学会充分利用

　　曾有一个很有钱的富人，因担心自己的黄金会被歹徒偷走，于是就在一块石头底下挖了一个大洞，把黄金埋在洞里，还隔三岔五地来看一看、摸一摸。突然有一天，黄金被人偷走了，富人很伤心，正巧有一位长者路过，了解情况后便说："我有办法帮你把黄金找回来！"长者用金色的油漆，把压着黄金的这颗大石头涂成黄金色，然后在上面写下了"一千两黄金"几个字。然后长者说："从今天起，你又可以天天来这里看你的黄金了，而且再也不必担心这块大黄金被人偷走了。"

　　这则故事中的长者告诉我们如果金银财宝没有使用，那么就跟涂成黄金的大石头就没什么两样。并提醒一些人不要"死守"着钱，资金要学会充分利用，可以做一些投资来赚更多的钱。

小女孩的小西瓜：超前投资、赚取未来钱

　　一个小女孩拿着三角钱到瓜园买西瓜，瓜农见这点钱连五分之一个西瓜也买不着，便想赶紧糊弄她走，他顺手指了指瓜地里一个拳头大小还没有成熟的西瓜说："三角钱只能买这种小西瓜。"瓜农本以为女孩会反问不熟的西瓜怎么吃，从而放弃买瓜，谁知女孩略作考虑后竟然答应

了，并且接着就把钱递了过来。瓜农不解："小西瓜又不能吃，你要它有什么用？"女孩说："反正交了钱这个小西瓜就是我的了，过两个月我再来拿。"这回该瓜农傻眼了，因为卖小西瓜是自己主动提出来的，所以只能吃这个哑巴亏了。两个月后，小女孩抱着那个已经瓜熟蒂落的大

西瓜高兴而去。

　　小女孩买瓜看似一件不起眼的小事，里面却蕴涵着"超前投资、赚取未来钱"的大智慧。在家庭投资理财过程中，灵活地运用好这一哲理，善于买"小西瓜"，会使你家庭资产的增值速度始终快于别人。

每天学一点金融小知识： 黄金投资

全球经济面临诸多不确定因素，避险成为投资市场的主题。金融危机之后，黄金在金融体系中扮演的角色日益重要。要参与未来黄金投资，在黄金市场中获得投资增值、保值的机会，就必须对黄金的属性、特点及其在货币金融中的作用有所了解。

尽管随着市场的发展和投资产品的日益丰富，人们的选择呈现多元化趋势，但作为传统的避险产品，黄金在资产配置中有着独特作用。黄金兼具商品属性和金融属性，集合了商品、金融品和投资品等多重功能。无论价格如何变化，由于其内在价值较高，并具有一定的保值和较强的变现能力，黄金的抗通胀能力无与伦比。从资产组合角度来看，黄金是较好的选择之一。从长期来看，黄金在大类资产配置中依然是避险保值不可或缺的重要资产。

金是金属王国中最珍贵的，也是最罕见的一种。

黄金可用于国际储备。这是由其货币属性决定的。历史上，黄金成功地充当了包括价值尺度、流通手段、储藏手段、支付手段和世界货币在内的所有货币职能。20 世纪 70 年代黄金与美元脱钩后，黄金的货币职能有所减弱，但仍保持一定的货币职能。目前，黄金仍是被国际接受的继美元、欧元、英镑、日元之后的第五大国际结算货币，是许多国家官方金融战略储备的主体。

黄金可用于制造首饰。长期以来，华贵的黄金饰品是社会地位和财富的象征。随着现代工业和高科技的发展，用黄金制作的饰品、摆件的范围和样式不断拓宽深化。随着财富的不断增加，保值和分散投资意识不断提高，人们对黄金的需求量也逐年增加。

黄金广泛用于工业与高新技术产业。由于所特有的物理化学性质，黄金被广泛用于航天、航空、化工、电子、医药等高新技术领域，拥有广阔的市场前景。

目前，我国投资者可以通过上海黄金交易所、上海期货交易所和商业银行进行黄金投资。同时我国零售市场已经放开，个人可以在黄金零售市场上购买实物黄金金条和黄金首饰等黄金制品。

非法黄金交易活动的主要形式及陷阱：

（1）以香港或伦敦现货黄金交易市场会员单位在境内的代理公司身份招揽客户，通常要求投资者将交易保证金换成美元，汇至境外账户交易，交易杠杆常高达 100 倍。

（2）在境内注册的公司打着香港、伦敦等黄金交易市场会员驻内地的分公司或办事处的旗号吸引客户，通常要求投资者将资金以美元或人民币形式汇入境内指定账户。此类公司的交易系统实质上没有和正规市场对接，只是虚拟行情系统，交易实际上是公司与客户之间的对赌。

（3）境内公司自设交易平台开展非法网上黄金交易，多以实物黄金销售为名，以做市商方式，通过收取点差、与客户对赌、操控黄金交割甚至骗取客户账户名和密码代为操作，并承诺盈利等方式与投资者交易。一旦出现问题，则卷钱潜逃。

（4）以境内贵金属交易所会员或会员代理商身份，借代理白银、钯金等贵金属业务为名，向客户推荐伦敦金为标的的外盘交易或承诺高额收益，代客户从事黄金理财等形式从事非法黄金交易。

（5）非法黄金交易公司主要通过发展代理商、电话营销、招聘操盘手及网络广告、论坛发布、QQ 群聊天等形式，引诱客户上当受骗。

💡 财商趣味测试： 你知道你的理财盲点吗

出国旅行，购物是一项很重要的行程。尤其是跳蚤市场，不但价格极有弹性，还可以挖到不少宝贝，这些东西回国后可能价位会翻升好几倍呢，你对下列哪一项宝物最感兴趣？

A. 古董相机

B. 古银首饰

C. 手工织毯

D. 书画艺术

财商报告：

A 古董相机：

你对于钱财的运用没有什么观念，开源和节流两种工作，你宁可只做前者。认为花钱就是要让自己开心的你，自然不会愿意委屈自己。吃好的、住好的、用好的，每一件物品你都觉得买得很值得。所以你可以试着去投资，因为品位很不错，能够选到可以增值的物品，那么你的收藏癖好，就不再只是让你花钱，还可能会有一点收藏价值。

B 古银首饰：

你对于每一分钱都很重视，认为财富是一点一滴积累起来的。虽然你从各方面都可以省下一些钱，为数也很可观，可是这样的速度太慢，而且趋于保守，没办理有效率管理钱财。如果有一笔暂时不需动用的存款，就试着去做一些投资，结果会让你满意的。

C 手工织毯：

你的情感丰富，耳根子软，对人毫无防备之心。你对于推销员的话会照单全收，所以每次出门家人总是很担心，生怕你将所有家产都典当还不够支付你的信用卡账单。因为你是感性消费，支出的数目有高有低，最好是先列出预算，控制自己的花费，才可能挽救你的赤字。

D 书画艺术：

你有一点不切实际，做什么都只是为了完成梦想。对于理财，你觉得十分头痛，不知该怎么开始做起，也不愿卷入股票游戏中。最好能够找个可信赖的人，帮你打点这一切，那将是最理想的状况。

第七章

杰出企业家给孩子的财商启示

李嘉诚： 财富不是运气， 要主动争取

　　李嘉诚在1981年被香港电台评为"风云人物"的时候，很谦虚地说那是"时势造英雄"。1998年，李嘉诚被香港电台采访时，他坦白地说："最初创业的时候，几乎百分之百不靠运气，是靠勤奋，靠辛苦，靠努力工作而赚钱的。投入工作非常重要，你要对你的事业有兴趣，工作就一定做得好！对工作投入，才会有好成绩，人生才更有意义。"

　　李嘉诚曾就"成功与幸运"这个话题发表过这样的看法："对于成功，一般中国人多会自谦那是幸运，绝少有人说那是由勤劳及有计划地工作得来。我觉得成功有三个阶段：第一个阶段完全靠勤劳工作、不断奋斗而得成果；第二个阶段，虽然有少许幸运存在，但也不会很多；第三阶段，当然也靠运气，但如果没有个人条件，运气来了也会跑掉的。"

　　李嘉诚表示："付出汗水，付出努力，便是走向人生正途的第一步。他还说："假如有年轻人或失意的人看到我的经历，或许会得到一点鼓励。一个人假若能认真、坚决地去做事，很多有时看来不可能做到的事，其实也是能做到的。"李嘉诚从一个食不果腹的少年，经过自己的苦苦打拼，建立了自己的商业帝国。李嘉诚从自身的发展过程中，总结出这样的经验：只要坚持走正途，总可以取得不同程度的成就。

　　早在李嘉诚他做推销员的时候，有一次，他的几个同事上门去一家旅馆推销铁桶，但屡屡碰壁，老板还出口伤人。但大家都不愿意放弃这笔生意，于是公推业绩不凡的李嘉诚前去"搞定"这位老板。李嘉诚答应后，并没有急着去见旅馆老板，而是找机会同旅馆的店员套近乎，打听旅馆内的一些情况。一次，从一个店员的口中，了解到一个对他非常重要的信息：这位老板中年得子，儿子就是他的命根子，他对儿子言听计从，千方百计都要满足儿子的心愿。但目前因为酒店开张在即，千头万绪的事情使他根本无暇顾及儿子想去看赛马的要求。店员随口一句话，却给李嘉诚带来了机会。他非常兴奋地估计到，这可能就是突破口。他让店员牵线，自己出钱带老板的儿子去看赛马。在跑马场上，老板的儿子非常高兴，回到家里兴奋地告诉了父母白天去赛马场的事。李嘉诚的举动让旅馆老板非常感动，一时不知道该怎样感谢才好。在李嘉诚的诚恳劝说下，他终于同意从李嘉诚手中购买380只铁桶。

　　李嘉诚说："苦难的生活，是我人生的最好锻炼，尤其是做推销员，使我学会了不少东西，明白了不少事理。这些经历，是我今天用 10 亿、100 亿也买不来的。"李嘉诚不管做任何事，从来都是要做最好的，不是单单完成自己的本职工作就算了。在出色干好本职工作的同时，他往往会注意拓展自己的发展空间。

李嘉诚在推销产品的时候，利用推销的行业特点，在四处推销的过程中，搜集大量的行业信息。并从报刊资料和四面八方的朋友那里了解自己推销的产品在国际市场的产销状况。经过调研，他把香港划分为许多区域，把每个区域的消费水平与市场行情都详细地记在本子上。对哪种产品该到哪个区域销售，销量应该是多少，他都掌握得一清二楚。除此之外，他还从推销实践中总结出了许多有益的经验，这些经验在今天仍然有借鉴意义。他认为，对于有可能争取的顾客，要坚持到底，不达目的决不罢休。对那些根本没有可能做成生意的客户，则应当机立断，决不磨蹭。要使推销业务取得成功，还要学会察言观色。李嘉诚通过在销售第一线的实战，充分掌握了市场的动向，对行业的市场前景做了准确的预测，为日后的成功打下了坚实的基础。

有这样一句话："要造就一个成功的政治家，也许只需要数年的功夫；但要造就一个成功的商人，尤其是一个白手起家的商人，则需要用一生的时间。"李嘉诚一生经商的成功经历正说明了这一点。一个商人要想成功没有捷径可走，一分耕耘一分收获，奋斗一生才能收获一生。

TIPS:

在做推销员的时候，李嘉诚就总结出两条成功经验：一要勤勉，二要动脑。

洛克·菲勒： 你不理财， 财不理你

　　洛克·菲勒出生在一个贫民家庭，和很多孩子一样，他喜欢玩，调皮甚至逃学，但与众不同的是，菲勒从小就有一种善于发现财富的非凡眼光。他曾把一辆从街上捡来的玩具车修好，拿给同学们玩，然后向每个人收取0.5美分，一个星期后，他竟然赚回一辆新的玩具车。菲勒的老师深感惋惜地对他说："如果你出生在一个富人的家庭里，你会成为一个出色的商人。但是，这对你来说已经是不可能的事了，你能成为街头的商贩就不错了。"

　　菲勒中学毕业后，正如他的老师所说，他真的成了一名小商贩。他卖过电池、小五金、柠檬水，每一样都经营的得心应手。与贫民窟的同龄人相比，菲勒已经可以算是出人头地了。但他没有就此止步，他靠一批丝绸起家，从小商贩一跃而成为大商人。

　　那批丝绸来自日本，数量足有一吨之多，轮船运输过程中遇到了风暴，这些丝绸被染料浸染了。如何处理这些被染料浸染的丝绸，成了日本人非常头痛的一件事情。他们想卖掉，却无人问津；想运出港口扔掉，又怕被环境部门处罚。于是，日本人打算在回程的路上把丝绸抛到大海里。

　　港口区域里有一个地下酒吧，菲勒经常到那里喝酒。那天菲勒喝醉了，当他步履不稳地走过几位日本海员身边时，海员们正在与酒吧的服务员说起那些令人讨厌的丝绸之事。说者无心，听者有意，菲勒感觉到机会来了。

　　第二天，菲勒来到轮船上，用手指着停在港口的一辆卡车对船长说："我可以帮你们把这些没用的丝绸处理掉。"结果，他没有花任何代价便拥有了这些被浸染的丝绸。然后，他用这些丝绸制成迷彩服装、迷彩领带和迷彩帽子，引发热销。几乎一夜之间，菲勒就拥有了 10 万美元的财富。

　　还有一次，菲勒在郊外看上了一块地皮。他找到这块地皮的主人，花 10 万美元购买了这块地皮，地皮的主人拿到 10 万美元后，心里还在嘲笑他："这样偏僻的地段，只有傻子才会出那么高的价钱！"令人想不到的是，一年后，市政府宣布在郊外建环城公路。不久，菲勒的地皮升值了 15 倍，城里的一位富豪找到他，要用 200 万美元购买他的地皮，富豪想在这里建造别墅群，但是，菲勒没有卖出他的地皮，他笑着告诉富豪："我还想等等，因为我觉得这块地皮应该增值更多。"

　　果然不出菲勒所料，3 年后，那块地皮卖了 2500 万美元。

人们很想知道当初菲勒是如何获得那些信息的，他们甚至怀疑菲勒和政府官员有来往。但结果令他们很失望，菲勒没有一位在市政府任职的朋友。

菲勒活了77岁，临死前，他让秘书在报纸上发布了一条消息，说他即将去天堂，愿意给失去亲人的人带口信，每人收费10美元。这一荒唐的消息，引起了无数人的好奇心，结果他赚了10万美元。如果他在病床上多坚持几天，赚得还会更多。

他的遗嘱也十分特别，他让秘书登了一则广告，说他是一位绅士，愿意和一位有教养的女士同卧一个墓穴。结果，一位贵妇人愿意出资5万美元和他一起长眠。

菲勒的发迹和致富，得益于他超凡的眼光，就像他墓碑上写的："我们身边并不缺少财富，而是缺少发现财富的眼光。"

乔布斯：　要以不同的方式思考

乔布斯说："我们要学着用不同的方式思考，给那些从一开始就支持我们产品的用户提供最好的服务，因为经常有人说他们是疯子，但是他们却是我们眼中的天才。"

换一种思考方式就是换一种方式去感知事物，用新方法思考老问题。苹果体验店的诞生就是乔布斯换一种思考方式所取得的成果。当初，苹果决定涉足零售市场完全是出于自身迫切的需要。2000 年前后，无论是苹果还是其他品牌，都是依靠电器零售商去推销他们的产品。然而，这些电器卖场的员工对苹果产品的特点知之甚少。苹果当时在美国计算机市场中仅占 3%，乔布斯意识到要抢占市场份额，就必须采取措施改善零售体验，尽管乔布斯并不熟悉零售领域，但是他下定决心："我们必须换一种思考方式，得创造出新模式。"当时，业界的普遍看法是，零售商就是卖货的。然而，乔布斯跳出了传统思维的限制，当他在头脑中想象着苹果零售店的模式时，他希望苹果零售店能够像苹果电脑一样，为人们生活带来轻松、便利，让人们的生活更加丰富多彩。于是，乔布斯将苹果专卖店的理念定位在"让生活丰富多彩"上，打破了传统零售业店铺在设计、选址和管理上的模式，建立了能够为顾客提供解决方案的精品店铺。

对于传统的零售行业来说，苹果专卖店的模式是个新颖的想法。当大家都不愿意对一家店面投入太多时间、金钱或技术手段时，乔布斯却在苹果专卖店上花了不少心思。苹果并非为了开店而开店，他们创造了一种全新的顾客体验模式。在苹果专卖店中没有收款员、售货员，只有提供服务的咨询师和专家人员。苹果的第一家专卖店在不到 5 年时间，就达到了 10 亿美元的营业额。这个神奇的数字是历史上其他任何零售商都望尘莫及的。通过走与众不同的路线，苹果成了世界上最赚钱的零售商。

苹果在零售领域实施了成功的创新，是因为乔布斯跳出了本行业传统的规范，找到了新的灵感。传统的思维方式只能产生传统的想法，如果苹果选择跟随零售行业传统的做法，就不可能创造出苹果专卖店这样新奇的零售体验，也就不可能创造销售历史上的奇迹。

乔布斯眼中看到的世界与我们看到的并没有不同，但他对事物的理解和感知却与我们大不一样。换一种方式思考绝非易事，只有强迫自己跳出固有的模式，把自己从过往的经验桎梏中解放出来，并强迫大脑做出全新的判断，令人赞叹的创意才会源源不断地涌现。

比尔·盖茨： 别希望不劳而获

盖茨自小酷爱数学和计算机，在中学时就是有名的"电脑迷"。保罗·艾伦是他最好的校友，两人经常在湖滨中学的电脑上玩三连棋的游戏。那时候的电脑就是一台 PDP8 型的小型机，学生们可以在一些相连的终端上，通过纸带打字机玩游戏，也能编一些小软件，诸如排座位之类的，比尔·盖茨玩起来得心应手。他开始从事个人电脑软件并设计电脑程式时才 13 岁。1973 年，盖茨进入哈佛大学，他为第一套微电脑 MITS Altair 研发出了 BASIC 程式语言。大三那年，盖茨离开哈佛，专心致力于微软公司的创办。随着事业蒸蒸日上，盖茨的财富也随之风生水起。福布斯富豪榜上总有他的身影。

"许多人都以为生活是由偶然和运气组成的，其实不然，它是由规律和法规组成的。"盖茨先生从自己生活的方方面面，以及他从小到大的个人经历中总结出来一些成功经验和人生智慧：要学会适应生活的不公平；要从小事做起；严以律己，事必躬亲等，其中非常重要的一条是别希望不劳而获。

盖茨当然也不希望自己的子女不劳而获，他早就说过，他打算把他的财富捐赠出去。"我只是这笔财富的看管人，我需要找到最好的方式来使用它，因为最终我会把我所有的财富都投入到基金会里。"

　　盖茨夫妇曾经表示，他们死后，只有几百万美元的遗产会留给自己的孩子，其他部分都将捐给慈善事业。有记者好奇地问盖茨夫妇，难道不担心将来孩子们会因此而恨他们吗？他们回答道：我们相信，如果父母的教育得法，孩子们对待财富的看法不会和我们不同。"

　　比尔·盖茨称，这个世界上，健康、教育、研究等领域还存在着很多不平等的现象。因此，他决定将自己的财产用于解除这些不平等上。他还希望其他有钱人也能够将自己的财产回归社会、用于帮助更多人。

TIPS:

　　盖茨认为，拥有很多不劳而获的财富，对于一个站在人生起跑线的孩子来说并不是件好事，他觉得一个人的人生和潜力应和出身的贫富无关。

💡 山姆·沃尔顿： 孩子要自己挣零花钱

在我们国家，大多数家长都会给孩子零用钱，这好像是件天经地义的事情。孩子没有钱就向父母要，而父母往往会无条件地满足孩子的要求。而在美国，小孩一般都是通过干家务活获得零用钱。这种情况十分普遍，孩子很小便开始接受金钱观念的熏陶与实践，付出劳动从而获得报酬，在美国这几乎是一条连自家人也不例外的"金科玉律"。

沃尔玛公司董事长山姆·沃尔顿自身的简朴以及对子女的"勤俭"教育与公司所拥有的巨额财富形成了巨大的反差。

山姆·沃尔顿不给孩子们零花钱，并要求孩子们自己挣钱。罗布森·沃尔顿回忆说，那时候，他们兄妹几个跪在商店地上擦地板，修补漏雨的房顶，夜间帮助父亲卸车等。父亲付给他们的工钱同工人们一样多。罗布森作为沃尔顿家四个孩子的老大，刚成年就考取了驾驶执照，接着就在夜间向个各零售点运送商品。后来，父亲让他们将部分收入变成商店的股份，商店事业兴旺起来以后，孩子们的微薄投资变成了不小的初级资本。大学毕业时，罗布森已经能用自己的钱买一栋房子，并给房子配备豪华的家具了。

同父亲一样，罗布森是一个非常质朴的人，他深居简出，开老式拖车。一位理发师说："我给沃尔顿理发都85次了，他从来没多给我一美分。"

罗布森每次去世界各地出差，都会坚持订条件一般的旅馆，他甚至要求与人合住一间房，以便节约成本。与那些行事张扬，挥金如土的富豪相比，罗布森实属"另类"，也许正是自小受到良好的财富教育，让他更懂得财富的来之不易，也才更懂得珍惜财富。

每天学一点金融小知识： 股票

1. 股票是什么?

股票：每只股票背后都有一家上市公司，而每家上市公司都会发行股票。

举例说明：你和两位朋友一起开了一家公司，你出资 20 万，他们俩各出资 10 万。这样，你们公司总投资就是 40 万，你就享有 50% 的股权，他们俩各 25% 的股权。你们公司共 3 个股东。

所谓股权，就是某人在企业中所占的股份的权利，这个权利包括了决策权和分红权。决策权，就是他说话的分量，所占股份越多，决策权就越大。分红权，就是按照股份比例分配利润的权利。股份越大，分红就越多。

如果把上述的股份情况，用一张纸印刷成一个证书，上面印有：某某人，在某公司占有百分之多少的股份，这个证书就叫股票。所以，股票只是股权的一个表现形式。就像你被工作单位录用了，给你发一张工作证，证明你是该单位的员工一样；如果给你一张股票，就证明你是该公司的股东了。

上市公司，就是该公司的股票可以在市场上买卖，此时，这家公司的股票就不印所有者的姓名了。

如果你买了某公司的股票，证券公司的电脑里面就会有记录。就是说当你买了该公司的股票后，你就有权参加这个公司的股东大会，也可以参加分红。当然，如果还没有分红你就把股票卖掉了，那就分不到了。同样，如果这个公司盈利了，你的分红自然就多了，反之亦然。

2. 炒股票是干什么？

炒股票是一个通俗的说法，其实就是一种股票投资。投资者在股市里相互之间买来卖去，今天在你的手中，明天却又在我的手中了。股票其实是公司价值的凭证。你用钱买公司的股份，通俗说，买的人多，股票价格涨；卖的人多，股票价格低。

3. 股票术语有哪些？

上证综合指数：上证综合指数是上海证券交易所编制的，以上海证券交易所挂牌上市的全部股票为计算范围，以发行量为权数的加权综合股价指数。

深证综合指数：深证综合指数是深圳证券交易所编制的，以深圳证券交易所挂牌上市的全部股票为计算范围，以发行量为权数的加权综合股价指数。

K线：又称为日本线，起源于日本。K线是一条柱状的线条，由影线和实体组成。影线在实体上方的部分叫上影线，下方的部分叫下影线。实体分阳线和阴线两种，又称红（阳）线和黑（阴）线。一条K线的记录就是某一种股票一天的价格变动情况。

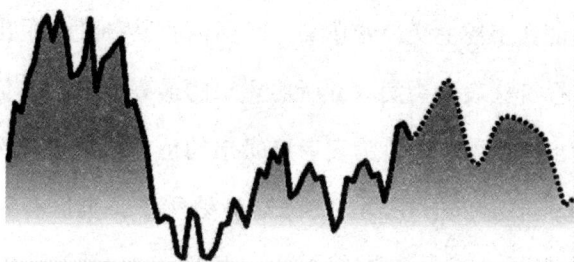

普通股：普通股是指在公司的经营管理和盈利及财产的分配上享有普通权利的股份，代表满足所有债权偿付要求及优先股股东的收益权与求偿权要求后对企业盈利和剩余财产的索取权，它构成公司资本的基础，是股票的一种基本形式，也是发行量最大，最为重要的股票。

优先股：是相对于普通股而言的。主要指在利润分红及剩余财产分配的权利方面，优先于普通股。

绩优股：是指那些业绩优良，但增长速度较慢的公司的股票。这类公司有实力抵抗经济衰退，但这类公司并不能给你带来振奋人心的利润。因为这类公司业务较为成熟，不需要花很多钱来扩展业务，所以投资这类公司的目的主要在于拿股息。另外，投资这类股票时，市盈率不要太高，同时要注意股价在历史上经济不景气时波动的记录。

后配股：后配股是在利益或利息分红及剩余财产分配时比普通股处于劣势的股票，一般是在普通股分配之后，对剩余利益进行再分配。如果公司的盈利巨大，后配股的发行数量又很有限，则购买后配股的股东可以取得很高的收益。发行后配股，一般所筹措的资金不能立即产生收益，投资者的范围又受限制，因此利用率不高。

成长股：指新添的有前途的产业中，利润增长率较高的企业股票。成长股的股价呈不断上涨趋势。

报价：是证券市场上交易者在某一时间内对某种证券报出的最高进价或最低出价，报价代表了买卖双方所愿意出的最高价格，进价为买者愿买进某种证券所出的价格，出价为卖者愿卖出的价格。报价的次序习惯上是报进价格在先，报出价格在后。在证券交易所中，报价有四种：一是口喊，二是手势表示，三是申报纪录表上填明，四是输入电子计算机显示屏。

开盘价：是指当日开盘后该股票的第一笔交易成交的价格。如果开市后30分钟内无成交价，则以前日的收盘价作为开盘价。

收盘价：指每天成交中最后一笔股票的价格，也就是收盘价格。

最高价：是指当日所成交的价格中的最高价位。有时最高价只有一笔，有时也不止一笔。

最低价：是指当日所成交的价格中的最低价位。有时最低价只有一笔，有时也不止一笔。

涨停板：证券市场中交易当天价格的最高限度称为涨停板，涨停板时的价格叫涨停板价。

跌停：证券交易当天股价的最低限度称为跌停板，跌停板时的股价称跌停板价。

崩盘：崩盘即证券市场上由于某种利空原因，出现了证券大量抛出，导致证券市场价格无限度下跌，不知到什么程度才可以停止。这种接连不断地大量抛出证券的现象也称为卖盘大量涌现。

财商趣味测试： 你的精打细算指数有多高

过生日必定少不了美味可口的生日蛋糕，你希望在自己的生日蛋糕上，增加哪些装饰点缀，来突出庆祝意义和节日气氛呢？

A. 新鲜水果既能让蛋糕缤纷多彩，也能感受不一样的口感。

B. 逗趣可爱的图案可以使我的蛋糕与众不同。

C. 城堡、大树、小熊……生日蛋糕不能马虎了事，来个立体造型，生动又好看。

D. 只是生日蛋糕而已，没必要搞得太过隆重，简单装饰就可以。

财商报告：

选 A：精打细算指数为 60%。

你是个实际的人，在钱财的运用上，可以算是谨慎。但是在开辟财源方面，你比较保守，所以你很难发大财，但也不会缺钱花。

选 B：精打细算指数为 85%。

有时你挺小气的，让人觉得你处处算计，但某些必要时刻，你却出手大方。你认为钱要花在刀刃上，才能够发挥最大的经济效用。

选 C：精打细算指数为 30%。

基本上你是个敢花大钱的人，只要是喜欢的东西，你很容易就大手大脚，所以你的财务通常呈现捉襟见肘的状况。

选 D：精打细算指数为 99%。

你很会理财，哪里有钱就往哪里钻，而且你也善于投资，懂得让自己的财富快速增加，真不愧是标准的精算大师，非常有成为亿万富翁的潜力。